HAIYANG QUYU GUIHUA GAILUN

海洋区域规划概论

于明辰　陈修颖　编著

中国农业出版社
北　京

前言

海洋区域是地球海洋上的空间单位，承载着经济、社会和环境等多方面的海洋资源。现代社会发展对海洋利用规模的持续扩大和海洋开发方式的混乱无序激化了复杂的用海冲突和矛盾，导致海洋区域资源利用效率不断减退，海洋生态安全治理面临全新挑战。海洋区域规划是协调海洋生态环境和现代经济社会和谐可持续发展的有效政策工具，以海洋生境保护为基础，通过分析和调配社会发展的各类海洋活动的时空分布，系统有效地组织海洋空间和海洋资源的开发利用。然而，与体系成熟的陆地区域规划相比，海洋区域规划的发展起步较晚，还处于探索和发展阶段，相关研究成果在国内外不多见，尤其是系统、全面的成果更为稀缺。党的二十大报告强调，发展海洋经济，保护海洋生态环境，加快建设海洋强国。海洋区域已经成为高质量发展的战略要地，在生态优先的前提下，准确把握海洋经济发展规律，合理开发利用海洋资源，实现陆海统筹战略，必须编制海洋区域规划，海洋区域规划的研究具备重要意义和时代价值。

本书对海洋区域规划的发展基础、概念内涵、理论方法做了深入研究，对世界主要海洋发达国家的海洋区域规划体系发展状况进行了全面调查和系统分析，并对海洋区域各类要素的基本特征和内在关系开展了细致整理和深入探索。依据上述研究结果，提出了海洋主体功能区规划的概念理论、规划方法和规划内容，并结合案例实践对海洋主体功能区规划提出了可行性的方案指引，可为我国建设海洋强国背景下的海洋区域规划体系研究实践以及开展区域海洋治理工作提供参考。

本研究得到了浙江海洋大学学术著作出版基金资助（浙海大办发〔2019〕24号）。

作 者

2023年10月

目录

第一章　海洋区域规划基础

海洋覆盖着地球表面的70%以上，是维持地球生态平衡和发展海洋经济的重要组成部分。我国拥有广阔的海洋领土，其中不乏珍稀生物以及资源丰富的油气、矿产等，是海洋发展中的重要组成部分。随着海洋资源开发利用的加速，对海洋空间利用的需求扩大。同时，伴随着海洋环境污染、生态破坏和灾害频发等问题的日益突出，海洋区域分析与规划成为整个海洋开发领域内一项关键性的工作。

近年来，全球所有沿海国家对海洋事业给予很高的关注，中国的海洋规划事业也有了很大的发展，在不断地跟上时代步伐，不断地完善和充实，海洋区域分析和规划布局正趋于理论化、系统化并付诸实践，对海洋经济发展和海洋开发起到越来越重要的作用。习近平总书记在党的二十大报告中强调“发展海洋经济，保护海洋生态环境，加快建设海洋强国”，将海洋强国建设作为推动中国式现代化的有机组成和重要任务，这是以习近平同志为核心的党中央对海洋强国建设作出的明确战略部署。因此，构建科学、系统的海洋分析理论体系和制定科学、合理的海洋区域规划，对于促进海洋经济发展、保护海洋生态环境、加快陆海统筹等具有重要的意义。

海洋资源是支持人类生存和发展的重要物质基础，然而人口的不断增长和经济的不断发展，造成海洋资源日益紧缺。随着工业和城市化的发展，海洋环境受到了严重的破坏和污染，全球气候变化也给海洋生态环境带来了巨大的挑战，海平面上升、海洋温度升高、海洋酸化等影响全球海洋可持续发展的因素也在逐步加剧。因此，为了保护海洋资源和维护海洋生态环境的可持续发展，研究海洋区域规划显得尤为重要。通过各种空间规划手段，协调各种海洋资源利用的活动，使其达到经济、社会和生态三个方面的和谐发展。海洋区域规划可以指导和管理海洋资源的利用，防止资源的过度捕捞和浪费。另外，通过海洋区域规划，可以促进海洋经济的可持续发展，优化与调整渔业布局，促进海洋旅游业等产业的发展。同时，海洋区域规划在环境保护、生态建设等方面也有非常重要的作用，能够有效避免环境污染和生态破坏。

海洋区域规划是针对某一个特定的海洋区域，在充分考虑该区域内各种利用海洋资源的活动的基础上，进行科学合理的空间规划，以实现海洋资源的最大利用和合理分配，并保护海洋生态环境，确保海洋生态系统的可持续发展。

海洋区域规划的研究意义主要是保护海洋生态环境和实现海洋资源可持续利用、促进海洋产业的健康发展以及维护国家领土主权和海洋安全，在此基础上鼓励世界各国进行国际合作。因此海洋区域规划的研究具有重要的战略意义和实践价值。通过海洋区域规划的研究和实践，能够帮助国家更好地应对海洋资源、环境和经济方面的挑战，实现海洋可持续发展的目标。

第一节　海洋区域规划的自然基础

一、我国海洋的自然状况

我国是海洋大国，海域广阔、海岸线漫长、海陆交错地带复杂，主要位于东亚和太平洋的交会处，海洋资源可开发利用的潜力很大。

(1) 自然地理

我国自北向南濒临渤海、黄海、东海和南海。渤海总面积 7.7 万千米^2。黄海南北长约 870 千米，东西宽约 556 千米，总面积 38 万千米^2。东海是一片广袤无垠的边海，从东北到西南长约 1 296 千米，宽约 740 千米，总面积 77 万千米^2。南海面积为 350 万千米^2，约为渤海、黄海、东海总面积的 3 倍（表 1-1）。

表 1-1　渤海、黄海、东海、南海的面积和深度

海区	渤海	黄海	东海	南海
面积（千米^2）	77 000	380 000	770 000	3 500 000
平均深度（米）	18	44	370	1 212
最大深度（米）	86	140	2 719	5 559

数据来源：中国科学院地理科学与资源研究所官方网站、河北省自然资源厅（海洋局）官方网站。

另外，我国大陆海岸线长达 1.8 万多千米，拥有山东、辽东、雷州三个半岛以及琼州、渤海、台湾三个海峡，17 条重要的入海河流和若干港湾；7 300 多个面积大于 500 米^2 的海岛，其中有居民的海岛 400 多个，总体呈无人岛多、有人岛少，近岸岛多、远岸岛少，南方岛多、北方岛少的特点。岛屿上生物多样性丰富，形成了一个相对自给自足、自我封闭的岛屿生态系统。

(2) 自然资源

我国有着种类繁多的海洋资源，其中：海洋生物 2 万多种，包括 3 000 多种海洋鱼类；海洋石油资源量约 240 亿吨，天然气资源量 16 万亿米^3，超过 30 亿吨的滨海砂矿资源储量，400 多千米的自然深水岸线和 60 多处深水港址以及滩涂面积 3.8 万千米^2。

(3) 自然生态

我国沿海地区自北向南横跨温带、亚热带、热带三大气候区，其南北温差在夏天为4℃左右，冬天为30℃左右，年降水量在500～3 000毫米。我国作为一个明显的季风区，受热带气旋的影响很大。黄海北部、渤海等海域在冬季出现海平面上的冰冻现象。滨海地区潮汐类型比较复杂，潮差变化比较大，海岸地区的潮流条件也比较复杂。

(4) 生态圈

全球海洋生态系统种类最多，主要有入海河口、珊瑚礁、红树林、海岸湿地、海草床等浅海生态系统以及海岛生态系统，其生物群落及环境特点多种多样。

(5) 自然灾害

我国存在着多种海洋灾害，包括风暴、海冰、海啸、赤潮、海浪、绿潮、海平面上升、土壤盐渍化、海水入侵、咸潮入侵等，这对海洋区域规划来说是一个巨大挑战。仅2021年以来，我国就遭遇了超过470次的风暴、海冰、海浪等海洋灾害，平均一年就有7次台风登陆，造成了近130亿元的经济损失。

二、地理基础对海洋区域规划的影响

(1) 各学科对海洋区域规划的作用

海洋学、地理学和海洋地质学是三个涉及制定海洋区域规划的关键学科，它们对于海洋区域规划的制定和执行具有重要的影响。海洋学、地理学和海洋地质学为海洋区域分析提供了理论基础和认识问题的经验及科学方法，有助于制定合理的海洋区域规划，理解海洋的现状，预测海洋的发展趋势和风险，以及实现可持续利用海洋资源的目标。

海洋学是研究海洋性质、海洋特征、海洋生物等各个方面变化规律的科学。在制定海洋区域规划时，海洋学可以为我们提供丰富的海洋信息，如海水温度、盐度、浪高及风速和海流等相关数据。这些信息直接与海洋能源、水资源、食品及药品、环境和航运有关，并为制定海洋区域规划提供了基础。

地理学是一门描述和分析地球表面地理空间关系和分布的学科，包括自然地理和人文地理。在海洋区域规划的制定和执行过程中，需要依据地理位置、地形、地貌等自然地理特征，以及民族、文化和人类行为等人文地理要素，制定海洋利用方式和安排开发区域。

海洋地质学是海洋科学的一个分支，主要研究海底地形、海底岩石、海底沉积和海底地质剖面。在制定海洋区域规划中，海洋地质学为我们提供了基本的测量和分析工具，识别海底地形和测量海底地质的厚度，可以为海洋环境评估提供重要的信息。

(2) 自然地理因素对海洋区域规划的影响

一是海洋水文。主要关注海洋水体的物理性质、运动和循环。这些物理性质包括海表面高度、海水温度、盐度、海流、潮汐、波浪等。海洋水文对于海洋区域规划和建设有着重要的作用，例如，海洋水文研究可用于制定海洋环境风险评估制度，提供海域安全和航运的基础数据等。同时，海洋水文地貌也是海洋区域规划中不可忽略的因素。海洋水文地貌指海底地形与海水的物理性质相结合的地貌特征。海洋水文地貌包括海底峡谷、海底山脉、海底火山、海洋沉积物等。这些地貌特征在海底资源开发、海洋灾害评估等方面有着重要的作用。例如，通过对海底地貌的研究，可以发现海底矿藏位置，从而指导海底矿产资源的开发和利用，还可以评估海洋灾害的风险，从而制定相应应急措施和预防措施。

二是海洋环境。包括海水温度、盐度、光照和海洋环境中存在的各种物质，也是海洋区域规划中的一个关键因素。海洋环境的变化会直接影响到生态环境，从而影响资源利用、生态保护等。根据 2021 年的海洋公报，中国海洋生态环境处于稳中向好的状况，海水水质状况整体不断改善，海洋生态环境处于健康或亚健康状态，全国海水水质状况总体可划分到轻度污染区，主要的用海区域环境质量总体表现为良好。但在我国部分海洋区域，海水生态环境仍存在着治理主体单一、海洋管理部门缺乏有效的合作、监管部门对于海洋环境污染的监督力度不够等问题，进而阻碍海洋区域规划。对于以上问题，需要根据海洋环境特征合理规划海洋利用方式，以保障海洋生态环境的可持续发展。

三是海底地貌。包括海底地形、海底构造等（图 1－1）。海底地貌特征是制定海洋规划的重要参考和依据，另外，海底地形特征是对海底地形进行全面了解的一项重要内容，它对于海洋利用和海洋环境保护具有一定的借鉴意义。除此之外，海底地貌特征像海山、海岬、海峡等存在差异会影响海底地貌综合，这会影响到海洋生态系统、海岸防护和海洋资源的利用。这些情况对海洋旅游开发、海水养殖、潮汐利用等具有十分重要的作用。在海底地质上存在石

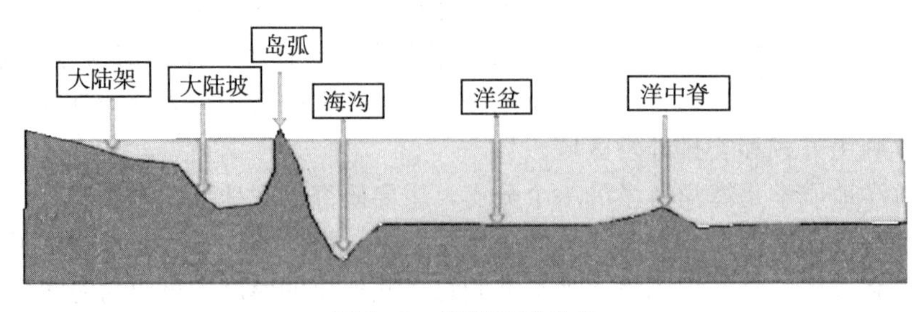

图 1－1　海底地形分布

油、天然气、锰结核等海洋矿藏资源，这些矿藏对海洋区域规划和开发也起着至关重要的作用。

四是气候因素。包括降水量、气温、风和气压等，不同的海洋气候条件会影响海洋环境和气候。在全球气候变化的大背景下，美国、欧盟和英国等多个国际组织均将其作为重要的研究领域。另外，气候变化对于海洋环境和海洋生态系统的稳定性和可持续性产生了深远的影响。而气候、海水温度、海流等因素对于海岸防护、风险评估和海洋灾害等方面也有着重要的影响，因此在制定海洋规划时，需要充分考虑各种气候因素，从而促进海洋区域合理规划。

五是海洋生态。2023 年 3 月 20 日，生态环境部部长在第十四届“摩纳哥蓝色倡议”活动上强调，当前全球海洋生态环境面临生物多样性减少、气候变化、陆源污染、海洋垃圾与微塑料污染等诸多挑战，国际社会必须携手前行、共同解决。合理利用海洋生物资源，遵守保护海洋资源的原则，建立保护机制，预测海洋生态和生物多样性变化。通过合理规划和管理海洋生态，可以保障海洋资源的可持续利用和生态环境的稳定。海洋生态系统对于海洋区域规划和区域管理的生态安全和可持续发展有影响，对渔业、旅游业、航运业、海底基础设施规划与建设、海洋生物资源的保护都起着至关重要的作用。

目前，我国海洋能源开发取得显著成效，海上风能新增装机的容量位列全球第一位，自主开发 1 500 米超深水大气田，在大洋矿藏资源调查方面取得了实质性的进展，首个海上二氧化碳封存项目已正式启动。另外，通过调查和研究海洋资源分布、特征和开发利用情况，可以开展合理的海洋规划与开发利用，实现资源优化利用，发挥海洋经济作用。

六是海洋污染。海洋污染是影响海洋环境和生态系统的重要因素之一。海洋垃圾、油污染、底漆剂等都会对海洋生态环境造成破坏，影响渔业和旅游业的发展。对于海洋区域规划和管理，必须制定开发和利用海洋资源的合理规划，避免污染和对生态环境的破坏。联合国环境规划署执行主任英厄·安诺生倡导各方必须共同维护海洋健康，加大力度去解决塑料污染的问题，否则后果不堪设想。因此，保护海洋健康迫在眉睫。

三、海洋区域规划的法律基础

海洋资源是各个国家乃至全人类的宝贵财富，对于一个国家实现社会、经济和环境的可持续发展有着至关重要的作用。为有效保护和管理海洋资源，我国制定相应的海洋资源管理标准来规范海洋活动的安全性和质量，以确保海洋环境的生态平衡和健康发展。这些规范和标准包含渔业、海洋资源和旅游等隶属于海洋范围的规定，目的在于保护海洋生态、维护海洋秩序以及促进海洋的经济发展。与此同时，这些标准和规程还包括关于海洋开发、资源管理和利用的相关政策规定、技术规范和法律法规等方面的内容，以确保海洋资源的可持续发展和充分利用，为人类的未来乃至海洋可持续发展营造更好、更规范的环境。

以上述信息为背景，海洋区域规划的法律则是明确针对海洋开发利用所涉及的海域、海洋资源、海上安全等方面规划和管理的制度。海洋区域规划的法律基础在不同的国家有不同的立法和呈现，《联合国海洋法公约》是关于海洋事务的最具有权威性的法律文件，规定了各国在海洋区域规划中应该执行的国家法律、标准等，以及海洋在空间、海岸线、海洋环境、海洋国土和海洋资源等方面的界线原则和管理制度，明确了领海的范围以及其他经济区域的分界等问题。区域性海洋法律和协议是依据特定的经济环境和海洋政治制定的区域性海洋的法律和协议，诸如《生物多样性公约》或《欧盟海洋战略框架指令》等。国家海洋法律则是各个国家制定保护、开发海洋和管理海洋资源规则的依据。各个国家在规定海洋规划的要求和范围以及规定如何使公众参与其中进行决策监督等问题时，就要参照国家海洋规划法律。

海洋是沿海地区发展的最大优势、最大潜力和最大空间所在。人们逐渐认可海洋规划区域的发展模式。在此基础上，海洋空间关于生态系统的规划已经在国外得到了广泛的施行。联合国海洋科学促进可持续发展十年（2021—2030年）的实施计划中指出，海洋可持续发展的推动需要海洋自然科学和海洋社会科学相互结合，进而产生变革性的海洋问题解决方案。比利时按照生态系统规划思路为海洋规划提供战略构思和综合框架；加拿大根据海洋法划定海洋管理区，以此保护生态系统的自然功能。

欧盟制定的《欧盟海洋战略框架指令》是欧盟海洋政策和管理的重要法规，该指令的主要目的是促进欧盟成员国之间的协调和合作，制定一套可持续的海洋管理解决方案。

中国制定的《海洋环境保护法》是中国海洋环境保护的重要法律，该法律规定了海洋环境保护的原则、措施和办法，明确了各个部门和环节在海洋环境保护中的职责和管理。

关于海洋区域规划的法律有很多，各个国家和地区都在为促进海洋经济的健康发展、保障海洋资源的可持续性利用和维护海洋环境的可持续性而共同努力。

四、自然地理因素如何影响海洋区域规划的决策

自然地理因素对于海洋区域规划决策有借鉴意义。下文将通过一些例子进

行说明。实际上，自然地理因素还与经济、社会、政治、文化因素相互作用，共同决定海洋区域规划的最终决策。因此，制定海洋区域规划时，应该综合考虑各方面因素，并进行详细评估，以确保最终的决策符合社会发展、环保等方面的要求。

(1) 水文条件

水文条件包括海水温度、盐度、流速和海浪等因素。这些因素对于海洋区域的规划和决策具有很大的影响。例如，在选择一个海底电缆的路线时，需要考虑海水流动的方向和速度；海底石油管道的布置，需要考虑海水流动的速度和波浪的强度与方向。

(2) 地质条件

海底的地形和地质条件也是一个重要的因素。例如，海底的地形会影响海洋生态系统和海洋物种的分布，同时也会影响港口和码头的建设和位置选择。随着海上油气田开采以及港口建设，海洋工程项目增多，地质条件对于海域海底工程及海底稳定性的重要性更为明显，同时，相关规划研究成果将为我国海洋灾害防治和海洋工程建设提供科学依据。

(3) 气候条件

气候条件可以影响海洋区域的规划和决策。例如，飓风和暴雨等极端气候事件可能会影响沿海城市的规划和海洋运输的安全。另外，在全球气候变暖的背景下，海平面持续上升，这会导致沿海地区的淹水现象增加，同时也会加重风暴潮、洪水等自然灾害。海洋区域规划应考虑气候变化对海岸线、岛屿等自然环境的影响，并制定相应的防灾减灾策略。在很多海域中，气候的季节性变化会对渔业和航运等活动造成一定程度的影响。比如，某些地区在雨季期间容易受到飓风和台风的影响，影响渔业、航运等。因此，在规划中应制定相应的安全保障策略和规划方案。

(4) 海洋生态系统

海洋生态系统是海洋区域规划的一个重要因素。海洋生态系统包括浅海、深海和海洋生物多样性等多个方面。这些因素直接影响到渔业、海洋保护和旅游等方面的决策。我国黄海和渤海的生物区位于北温带海洋的边缘，而南海和东海属于亚热带性质，再加上全球气候变化和不合理的开发等因素的影响，沿海地区生态功能退化、海水富营养化、生物多样性减弱等问题十分突出，海洋生态灾害频发。2022 年，我国发生海洋灾害共计 12 次，造成直接经济损失 24.12 亿元，与 2021 年相比有所下降，下降幅度为 21.5%（图 1-2）。部分典型的海洋生态系统受损严重，这些情况对于海洋区域规划产生消极影响，需要进行适应性干预。

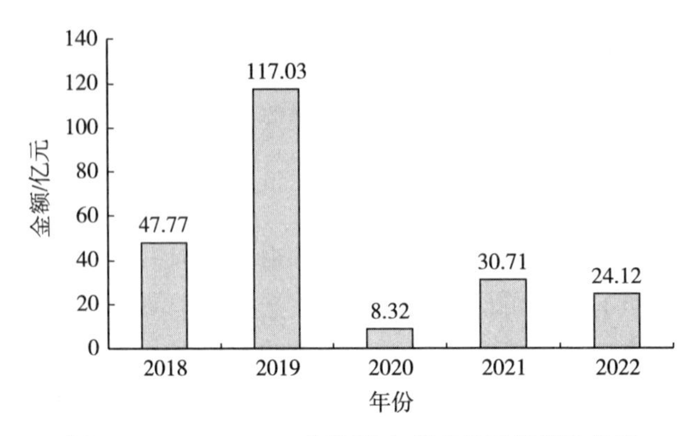

图 1-2　2018—2022 年海洋灾害直接经济损失统计

五、海洋区域规划的自然地理评估方法

(1) 自然地理评估方法的种类

在海洋区域规划中，自然地理评估是非常重要的一部分。以下是几种常用的自然地理评估方法：①海洋地质调节，通过对海底地形、沉积物分布以及海底地质构造的研究，评估海岸线稳定性、海洋生态系统和底栖生物、海洋矿产资源等方面的情况。②水文测量，它是系统收集和整理各项水文资料，获取各种水文要素数据的一种主要方法，也是人类认识、开发与利用海洋的依据。通过对水文条件的测量，如海水温度、盐度、浪高、潮汐、水深等，评估海洋运输、港口和码头建设、海底管道、电缆、风力发电等方面的情况。③水文动力数值模拟，利用数值模型对海洋的水动力特征进行模拟和计算，评估港口和码头建设、海底油气开发、海域利用等方面的情况。④海洋生态系统评估，对海洋生态系统进行调查和评估，包括海洋生物多样性、生态系统功能、环境污染以及渔业和旅游等方面的情况。

以上仅是海洋区域规划中的部分自然地理评估方法，实际上，由于海洋环境复杂多变，往往需要采用多种评估方法相互协作，以全面、准确地评估海洋环境状况，制定出合理可行、具备环境承载力和生态可持续性的决策。

(2) 自然地理评估方法的作用

自然地理评估方法是一种对特定地区自然环境进行系统评估的方法，可以帮助评估该地区的生态环境、自然资源、地质构造、气候变化等自然因素，以制定出具有可持续性的海洋区域规划方案。自然地理评估方法包括了保护海洋生态环境、确定最适合的区域和时期、确定可持续发展目标、应对气候变化和促进跨部门合作等。对于海洋区域规划和管理，自然地理评估是一个关键的工具，可以帮助决策者制定可持续和有效的措施，以实现海洋区域的永续利用。

以下是自然地理评估的几点重要作用：

一是真实地了解海洋环境。自然地理评估方法可以帮助规划者深入了解海洋环境，包括海底地形、水文条件、地质条件、气候条件、海洋生态系统等方面。通过科学、准确的评估，可以更真实、全面地了解海洋区域情况，特别是对于一些复杂、不易观测的海洋环境情况，如底样物质、海洋生物等方面的情况，可以使用自然地理评估方法更好地了解。

二是分析风险。自然地理评估方法可以帮助规划者评估海洋环境的安全风险和自然灾害风险。例如，利用气候模型评估飓风风险，利用海底地质调查评估大规模滑坡和地震风险等。这些评估可以帮助规划者更好地了解风险因素，并采取必要的措施来减少风险。

三是支持决策制定。自然地理评估方法可以给规划者提供科学可靠的数据，以支持决策制定。例如，通过海洋地质调查和水文测量，可以了解海底地形和水动力特征，以便更好地规划港口和码头的位置，优化海洋运输路线等。通过海洋生态系统评估，可以制定保护海洋生物多样性的政策，确保可持续利用海洋资源。

四是保护生态环境。自然地理评估方法还可以帮助规划者制定保护生态环境的政策。例如，对海底生物的调查和评估可以了解其分布和生态环境特征，从而采取适当的措施进行保护。通过风险评估，可以制定紧急响应计划以减少海洋污染等环境灾难的影响。

第二节　海洋区域规划的法律法规及相关政策

一、海洋区域规划的政策框架

中国管辖的海洋包括领海、内海、大陆架、专属经济区以及毗连区等，由多种类型的资源组成。《联合国海洋法公约》将海洋区域规划看作一个整体、作为重要方向加以说明，认识到海洋区域之间产生的相关问题都是彼此密切相关的，在国土开发中，应该将海洋看作一个有别于陆地的独立区域。

在中国的实践中，国家的“七五”计划把国土划分为三个经济带，也是首次将沿海地区作为一个经济带进行区分，带领国人的视野延伸到海域，进一步涵盖长江沿海地区、东南沿海地区、环渤海等地区。国家的“十一五”规划，首次将海洋资源开发作为一个章节进行讲解，海洋发展地位有了进一步提升。对于中国来说，海域国土作为一个独立的区域，与陆域国土具有同等重要的区域价值。党的十八大报告首次完整提出了中国海洋强国战略目标，指出我国应提高海洋资源开发能力，发展海洋经济，保护生态环境，坚决维护国家海洋权益，建设海洋强国，为我国未来海洋资源开发、海洋环境保护和海洋经济发展等核心任务明确了基本要求，也成为海洋区域规划研究和实践的重要依据和指导思想。表 1-2 为浙江省主要海洋空间规划情况。

表 1-2　浙江省主要海洋空间规划情况

规划名称	规划期限	规划范围	主要内容	法律依据	审批部门
《浙江省海洋功能区划》	2011—2020 年	全省海域 4.44 万千米^2。分为省、市县两级	将全省海域划分成 8 类基本功能区，明确不同管制要求	《海域使用管理法》《海洋环境保护法》	国务院
《浙江省海洋主体功能区规划》	无规划期限，设 2020 年阶段性目标	全省海域 4.44 万千米^2。包括海域和海岛	将全省海域和海岛分为优化开发、限制开发和禁止开发三类主体功能区	—	省人民政府
《浙江省重要海岛开发利用与保护规划》	2011—2020 年	全省 100 个重要海岛	明确重要海岛分类开发导向	《海岛保护法》	省人民政府
《浙江省无居民海岛保护与利用规划》	2008—2020 年	全省面积不小于 500 米^2 的无居民海岛	提出无居民海岛保护与利用思路目标，明确分类保护与引导举措	《海岛保护法》	省人民政府
《浙江省近岸海域环境功能区划》	2011 年调整	全省近岸海域	根据海域水体的使用功能和地方经济发展的需要对海域环境进行分类	—	省人民政府
《浙江省沿海港口布局规划》	2006—2020 年	全省港口资源	明确岸线利用规划，提出港口布局规划	—	省人民政府
《浙江省滩涂围垦总体规划》	2005—2020 年	全省范围内的河口滩涂和海岛地区滩涂，以及建设规模在 4 500 亩①以上（岛屿地区 2 250 亩以上）的项目	规划滩涂围垦项目布局	—	省人民政府
《浙江省湿地保护规划》	2006—2020 年	全省湿地	提出湿地保护总体思路，明确湿地功能区布局，完善湿地保护体系规划	—	省人民政府

① 亩为非法定计量单位，1 亩=1/15 公顷，下同。——编者注

（续）

规划名称	规划期限	规划范围	主要内容	法律依据	审批部门
《浙江省沿海标准渔港布局与建设规划》	2007—2020年	全省208座渔港	明确全省渔港建设思路、目标和举措	—	省人民政府
《浙江省海洋港口发展“十三五”规划》	2016—2020年	全省港口	提出“十三五”时期全省港口整合提升的思路举措	—	省人民政府
《浙江省海洋资源保护与利用“十三五”规划》	2016—2020年	海域、海岛等各类海洋资源	提出“十三五”时期全省海洋资源利用思路举措	—	省人民政府
其他	—	沿海地区的城市规划、环境功能区划等各类空间规划	将岸线、滩涂、海岛等纳入规划范围	《城乡规划法》《土地管理法》	国务院、省人民政府等

2003年，国家开始对部分海洋国土进行初步规划，国务院发布了《全国海洋经济发展规划纲要》（以下简称《纲要》），该《纲要》把我国海岸带和邻近海域划分为11个综合海洋经济区。划分之后的海洋各行政区进行了规范的分区管理，海洋功能区也有了明确的发展方向，经济区之间可以进行有效整合，相互之间可以进行有效沟通，逐渐形成一个分工明确的整体区域。因此，规划海洋区域发展在明确海洋区域范围时，按照建立在尊重经济发展客观规律的基础上，推动各大海域区域在发展过程中突破壁垒、加快区域经济整合发展进程、消除产品流通障碍、发挥各自优势以及规范各地政府行为的制度一体化实行。通过制定海洋区域发展规划，提高海域经济的整体实力。

二、中国海洋区域规划政策工具

中国主要是以陆地为主的农业文明大国，拥有较长的海岸线却并未合理利用。随着21世纪“海洋世纪”的发展趋势，海洋战略的迭代更新尤为重要。海洋是人类生存的第二“疆土”，对于推动世界经济发展和社会进步具有重要意义。凭借丰富的海洋资源、便利的区位条件、雄厚的经济基础、强大的政策支撑等优势，我国海洋经济得到快速发展，海洋资源开发效益得到增强，海洋经济地位不断提升。要坚守高效开发海洋资源、有序利用海洋资源、严格保护海洋领域和资源以及有效管理海洋发展为一体的发展模式，坚持海洋、陆地统一发展，加快建设海洋强国的步伐。

为合理对海洋进行区域规划、最大程度开发海洋资源与充分利用海洋区域空间，国务院于2015年8月印发实施《全国海洋主体功能区规划》，为今后规范开发海洋资源秩序，科学开发海洋空间，提升工作效率以及开发能力，构建海陆协调、人类与海洋和谐发展共生的海洋格局，提供了基础和重要依据。

国内关于制定海洋区域规划法律基础的文件，主要包括《国家海洋事业发展规划纲要》以及海洋战略，不断在海洋法治建设、海洋环境保护和海洋资源保护与开发中给予指导。在行政管理规定中，例如《中华人民共和国渔业法》和《中华人民共和国海域使用管理法》等，对海洋一系列活动和海洋行为进行控制和约束。同时地方政府也出台针对当地的地方性法规，用来有力保护和充分利用当地的海洋资源，例如《江苏省海域使用管理条例》《广东省海域使用管理条例》《福建省海域使用管理条例》等。

中国的海洋规划开始于20世纪70年代末，海洋战略发展详见表1-3。1979年，中国海洋经济学会成立。1986年，山东社会科学院海洋经济研究所承担了国家“七五”社会科学基金项目《中国海洋区域经济研究》，并于1990年出版课题成果《中国海洋区域经济研究》，该书是我国第一部海洋区域经济综合研究专著。

表1-3　中国海洋战略发展（1978—2021年）

时间	战略内容
1978年	在全国哲学社会科学规划会议上提出建立“海洋经济学”新学科及专门的研究所
1979年	中国海洋经济学会成立
1982年	首部《中国海洋年鉴》出版 《中华人民共和国海洋环境保护法》正式发布
1995年	我国第一部跨世纪《全国海洋开发规划》经国务院原则同意实施
1996年	中国批准加入《联合国海洋法公约》 《中国海洋21世纪议程》发布 《中华人民共和国国民经济和社会发展“九五”计划和2010年远景目标纲要》发布
2001年	国家经贸委制定《新能源和可再生能源产业发展“十五”规划》
2002年	第十六次全国代表大会报告提议实施海洋开发 国务院批准《全国海洋功能区划》
2003年	国务院发布《全国海洋经济发展规划纲要》
2006年	《中华人民共和国国民经济和社会发展第十一个五年规划纲要》发布 《国家“十一五”海洋科学和技术发展规划纲要》发布
2008年	国务院发布《国家海洋事业发展规划纲要》
2011年	《中华人民共和国国民经济和社会发展第十二个五年规划纲要》发布 《国家“十二五”海洋科学和技术发展规划纲要》发布 《全国海洋人才发展中长期发展规划纲要（2010—2020年）》发布

（续）

时间	战略内容
2012 年	《全国海洋标准化“十二五”发展规划》发布 《全国海洋经济发展“十二五”规划》发布
2013 年	提出 21 世纪海上丝绸之路
2015 年	《国家海洋局海洋生态文明建设实施方案（2015—2020 年）》发布
2016 年	《中华人民共和国国民经济和社会发展第十三个五年规划纲要》发布 《中华人民共和国深海海底区域资源勘探开发法》发布
2017 年	《全国海洋经济发展“十三五”规划》发布
2021 年	《中华人民共和国国民经济和社会发展第十四个五年规划纲要》发布

随着 1994 年《联合国海洋法公约》的生效，全球对海洋事务的关注日益上升，1996 年中国加入《联合国海洋法公约》后，促进公众海洋意识提高。

2012 年，中国提倡坚决维护国家权益，尽一切努力提高开采海洋资源的能力，并将中国建设成一个海洋大国。不久后，这个概念有了进一步升华，为了实现中国梦，我们必须首先实现海洋梦。中国的海洋愿望有着悠久的历史，同样受到了国际海洋体系法演变的影响。

我国在制定海洋区域规划基本原则时，主要遵循以下几点：合理规划陆地空间格局和海洋发展布局，统筹沿海地区资源的开发利用与发展，注重海洋生态环境的保护与修复；加快转变海洋经济发展模式，优化海洋产业结构和经济发展布局。控制沿岸地区的开发规模，统筹管理远海开发强度；对区位优势的海域或者资源丰富的海域进行重点开发，实现点面结合；提升海洋空间的利用效率，强化基础设施建设，明确用海标准。

在对海洋功能区进行划分时，注意海洋主体功能区，按照开发的内容，主要划分为产业与城镇建设、生态环境服务和农渔业生产三种功能区。按照主体区域的功能划分，将海洋空间划分为四种区域类型：优化发展区是指资源环境较有优势、现存开发能力较高、产业结构需要调整以及优化的区域。重点开发区主要特点是资源开发程度高和发展潜力较大，区域内有足够的资源、设施和规划来支持高度集中的开发和协调管理，可以在经济和社会方面带来多种益处、提高资源利用效率、推动区域经济发展以及增强区域内的竞争力等。限制开发区是指拥有主要功能的海域，在进行海洋水产品提供时要保障重要海洋生态功能和资源，限制人为开发和破坏。其中，渔业限制区旨在保护和管理该区域内的渔业资源，维护渔业的可持续发展；而对于其他限制开发区，可能还包括海洋保护区、海洋生态保护区等，以维护海洋生态系统的完整性和稳定性，这些区域的划定通常需要考虑生态、经济和社会等多方面的因素，以确保达到可持续发展的目标。最后是维护海洋生物多样性的禁止开发区，主要是保护特定的海洋生态系统、海洋自然保护区和岛屿等区域。

全国沿海功能区的规划不仅影响着沿海地区经济的发展，还在潜移默化影响着资源和环境的状况。海洋功能区划分基本原则主要是基于应用环境、自然生态以及人类社会等方面来揭示区域自然本质属性。其中，资源保护是重要的一环。在划分时，我国正是考虑到区域的功能属性，同时确定区域最优化的功能，保证可持续发展和生态保护原则。对于每一个海洋功能区的利用方式，要符合可持续的开发原则，确保不会对生态环境造成污染，确保实施效果的有效性。

因此，我国在进行海洋区域划分时，主要是根据以下几点特性：首先是自然资源和环境条件，适当考虑目前开发现状和社会发展的需要，实行开发利用和治理保护相结合，使环境效益、社会效益与经济效益相统一。其次，正确处理全局与局部、主要矛盾与次要矛盾之间的关系，做到统筹兼顾，协调发展。最后，在进行整体海洋区域规划时，着重强调区域规划的实用性。

三、国际海洋区域规划的政府管制

海洋空间规划是以人类用海活动为管理对象，通过对时间空间分布进行规划来合理布局海洋资源开发，实现海洋生态、经济与社会发展目标。在开发利用海洋资源时，人们逐渐认识到，过度开发和快速消耗海洋资源的行为会对海洋生态系统造成破坏和威胁。因此，应基于生态系统方法进行海洋空间规划，采用资源多样性和可持续生产的管理理念，以减缓或避免海洋生态系统的退化。

生态系统的结构和功能随着气候、地理位置、环境和生物种类的不同而存在差异。例如，深海生态系统和浅海生态系统之间存在着明显的结构和功能差异。深海生态系统中通常出现特殊的生物种类和生态环境，如深海珊瑚、深海虾等，而浅海生态系统则是生物繁衍生息和栖息的主要地区。另外，不同类型的生态系统，在生物物种组成、能量流动、环境条件等方面都可能存在显著的差异。

与传统的海洋空间规划相比，以生态系统作为基础的海洋空间规划应当在管理人类用海活动的同时，更加注重海洋生态系统的保护以及维护海洋生态环境和服务等功能。在保护海洋生物多样性、生态过程以及栖息地的同时，合理分配人类活动空间，最大限度地减少人类活动对海洋生态环境造成的不良影响。

各个国家和地区的海洋区域规划相关政策有很多，它们都致力于促进海洋经济的健康发展和维护海洋生态的可持续性，注重海洋人口-资源-环境-发展

(PRED)的协调发展。海洋区域规划不只是一个国家自身的发展问题，而是各个国家共同的发展问题。各国应该加强国际交流与合作，建立健全的海洋管理制度，划分领海界线和基线，保护海洋国土的领土完整和权益，共同面对并解决好全球性海洋问题，以推动海洋可持续发展为最终目标。各国在规划和开发海洋资源的过程中必须遵循国际法和国家出台的相关法律法规，遵循可持续发展的原则，加强监督和管理，实现海洋资源的可持续发展。

美国关于海洋空间规划的政策有《国家海洋政策》，该政策由美国政府于2010年7月发布，目的是促进建设长期、综合和生态友好的海洋空间规划，促进海洋资源的合理开发和利用。

欧盟出台了“蓝色增长”战略，该战略是欧盟于2012年发布的，目的是提高欧洲海洋经济的可持续性和竞争力。随着“蓝色增长”战略的提出，出台了一系列推进海洋环保、加强海洋技术创新、提升海洋培训和科学研究等方面的举措。

日本综合海洋政策本部于2018年提出关于海洋空间规划政策的《海洋基本计划》，内容涵盖海洋资源开发、海洋环境保护、海洋科技研发、海上交通运输等多个方面的海洋国家战略。

日本海洋国家战略还强调了不断提升海洋技术水平、推进可持续性海洋经济发展的重要性。

海洋生态环境维护并保障着海洋生态平衡。在保护海洋生态环境方面，各国需要采取一系列有效的措施。首先，必须加强海洋环境保护意识，提高社会公众的环保意识。其次，必须监测和评估海洋环境质量，确切地了解海洋环境污染的情况，及时采取控制措施。同时，确保海洋环境可持续发展，需要定期开展海洋环境质量评估以及公示与分享海洋环境信息。最后，要以防治海洋污染为中心，采取有效的治理措施，加强海洋生物多样性保护，减少对海洋生态环境的破坏。为了实现海洋环境的可持续发展，还需要加强国际合作，共同推动全球海洋环境保护事业的发展，共同维护地球上宝贵的海洋资源。

第三节　海洋区域规划历程、现状及趋势

海洋区域规划是从对海洋发展的需要出发，根据海洋自然环境特点、海洋资源、海洋产业和海洋环境状况等因素，制定海洋利用与管理战略，并予以实施的计划性活动。我国的海洋区域规划蓬勃发展勾勒出党中央经略海洋的历史脉络，历年来海洋行政主管部门编制出台了一系列政策规划措施，推动海洋事业全面发展，揭开新时代海洋强国建设波澜壮阔的历史画卷。

一、早期阶段

20世纪50年代至20世纪末。具体发展历程如下：

20世纪50—60年代：早期的海洋区域规划主要聚焦于近海海域管理和限制性利用。主要采用技术手段，如航空摄影、潜水等，对海洋资源进行勘探，目的是在评估海洋资源丰度和分布的基础上探索近海渔业、海洋石油的开发利用。

20世纪70年代：随着环保理念的普及，海洋区域规划逐渐强调保护与开发的平衡，开始提出科学管理海洋资源的观念。此时，政府开始在近海水域进行生态系统研究，我国主要开展近海海洋水文、海洋化学、海洋地质及海洋生物的综合调查研究，开展海洋基础调查，研究海洋基本规律，开发利用海洋资源。

20世纪80年代：在此时期，海洋区域规划强调综合规划和可持续性发展。政府开始加强海洋科技的研发，将科技手段引入规划，加强对海洋资源的保护和综合利用，并让海洋规划成为一项跨部门合作的多学科研究工作。

20世纪90年代至20世纪末：在这个时期，海洋区域规划逐渐进入全球化时代，加强国际合作成为重点。联合国在1992年推出《21世纪议程》，其中涉及海洋可持续利用的规范。此时，海洋开发领域的国家法律法规的制定和实施不断完善。同时，海洋数据应用技术的不断发展和完善也为海洋规划提供了业务支撑和技术保障。

二、中期阶段

2000—2011年。进入21世纪后，中国的海洋区域规划开始朝着更加科学、更加系统和更加开放的方向发展，海洋区域规划不仅关注海洋资源建设和利用，也越来越关注海洋环境保护与维护。我国的海洋区域规划开始引入更加科学的理念和技术手段，如遥感技术、地理信息系统、数值模拟等。通过这些技术手段和科学数据支持，更加精准、合理、有针对性地制定海洋区域发展战略和规划。海洋区域规划逐渐形成了系统化的规划体系，制度和规范不断完善。政府出台了一系列法规和制度，如《海洋环境保护法》等，加强海洋法治建设，推进海洋地理信息系统和海洋数字化建设，建立了全国海洋信息中心等专业系统。海洋区域规划逐渐向国际社会开放，与主要海洋国家开展了多层次、多领域的合作，加强了共识和交流。政府加强了国际合作和分享，参与国际海洋事务，如共同开展国际海洋经济与技术合作、国际海洋观测等。由于21世纪初期的环保理念普及，关注环境保护问题开始成为海洋区域规划的一个重要方向。规划中强调重视环境保护和生物多样性，促进海洋环境全面保护和治理。通过制定海洋保护区、制定海洋排污标准等一系列措施，促进生态环境保护和修复。

海洋区域规划的中期阶段主要从综合性、可持续性、国际性、信息化和专业化等方面展现出发展趋势。在经济高速增长的背景下，我国的海洋经济快速发展，海洋区域规划也得到了进一步的完善和发展。我国成功制定了第一个海洋发展规划，并加强了对海洋环境保护和管理方面的规定。同时，积极探索建立了区域自主管理机制和多方参与的协调机制，推动了海洋经济发展和海洋资源合理利用的进程。海洋区域规划逐渐形成了综合规划的理念，多学科综合、多层面协调的区域规划成为发展趋势。海洋区域规划引入了规划管理的理念，做出东海综合规划、南海岛礁固有生产力保护规划等多个综合性规划，上升到国家战略高度。观念上更加强调可持续发展，强调人与自然的和谐发展。人们通过海洋区域规划的实施，提高海洋资源的利用效益，促进海洋经济的可持续发展和环境的安全。规划出了长江口综合开发区规划、福州海域风电场开发规划等，都是为了保护和利用海洋资源，使之和谐发展。国家对海洋法律制约越来越严格，许多国际公约被逐渐实行。为了测绘和管理海洋法定公海边界，我国加强了海洋权益保护，积极与周边国家开展海洋划界，成功商定了南海渔业合作区等划界规划。随着信息技术的不断发展，海洋区域规划建立了数据共享机制。还引入了各种现代信息技术，在海洋航行安全、海洋环境控制、海洋资源研究等方面都用到了遥感、卫星导航等先进信息技术。海洋区域规划越来越专业，对相关人员的素质要求更高。规划编制和实施逐渐由法律法规的制定向管理制度转化。同时，相关职业对人才素质的要求也越来越高，需要从事自然科学、航海、港口工程、环境科学、经济管理和国际法等各个领域的专业人才。综上所述，海洋区域规划的中期阶段，不仅强调综合性、可持续性和国际性，还逐渐引入了信息化和专业化的理念，将海洋管理和利用层面逐渐提升到了国家战略高度。同时，海洋区域规划也逐步发展成为一项多层次、多学科、多职业、高度专业化的领域。

三、深度发展阶段

大致自 2011 年至今。在海洋环境保护和可持续利用的理念逐渐深入人心的情况下，我国的海洋区域规划逐步转变为以保护和管理为中心，兼顾海洋资源的开发和利用。首次将海洋环境保护纳入规划的范畴，并将“促进海洋经济长期健康发展”作为总体目标。同时，随着智能科技和大数据技术的发展，我国海洋区域规划也开始大力推进智能化和数字化管理，带动海洋经济的创新和发展。海洋区域规划的深度发展阶段主要从生态保护、绿色发展、智能化、国际合作和社会参与等方面展现出发展趋势。在这一阶段，全球范围内的生态问题越来越严重，因此，海洋区域规划更加侧重生态保护，注重海洋资源绿色利用和环保。推行了许多生态修复工程，如南沙珊瑚礁保护和海洋垃圾治理等，保护和恢复生态系统功能成为规划的新亮点。在生态保护的背景下，绿色发展成为海洋区域规划的重要目标。规划提出绿色经济、低碳经济、生态旅游等绿色发展理念，将人与自然的和谐发展融入规划中。未来规划将注重在绿色能源、智慧港口、碳排放减少等方面开展研究。引入人工智能、大数据等现代科技手段，加快深化海洋信息化建设，提高海洋资源的管理水平和公共服务能力。在海洋巡查、气象预报、港口管理等方面运用智能化技术，促进规划科学化和精细化管理。面对日趋严峻的国际安全形势和气候变化等全球性问题，海洋区域规划协同着国际社会进行海洋共建，共同推进 21 世纪海上丝绸之路建设和海洋权益保护，推进海洋互联互通等方面展开合作。强调公众参与和共治，积极倡导公众人士以及企业参与海洋事务的决策和实际操作。加强舆论引导和社会组织、民间组织的参与，让公众树立节约利用海洋资源的意识，为规划的合理性提供支撑。

综上所述，海洋区域规划的深度发展阶段，不仅强调生态保护和绿色发展，还逐渐引入了智能化、国际合作和社会参与等理念，持续推进海洋资源的科学开发和可持续利用，促进海洋管理和发展水平更上一层台阶。

总的来说，我国的海洋区域规划经历了从开发和利用为主到保护和管理为主的转变，并得到了不断的完善与发展，与此同时，它也对我国海洋战略和海洋经济的发展发挥着重要的引导和促进作用。未来，我国的海洋区域规划将继续注重海洋生态环境保护和经济社会发展的协调推进，以构建更加科学、可持续和开放的海洋治理和发展格局。

四、海洋区域规划的现状

随着我国海洋经济的不断发展，海洋区域规划已经成为海洋管理的重要手段。对于海洋区域规划的发展现状，有以下理论支撑，例如政策法规的完善，《中华人民共和国海洋环境保护法》等为海洋区域规划提供了法律依据和规范。海洋区域规划已经成为我国海洋管理的基石，其发展趋势也逐渐清晰，即从单纯的资源开发走向以生态保护、科技创新为支撑，实现海洋经济的高质量发展。

（1）法规制度逐步健全

我国于 1982 年通过《中华人民共和国海洋环境保护法》，明确规定海洋区域规划为国家海洋管理的基本工作之一。此外，还有一系列与海洋法相关的法规和规划纲要相继出台。

（2）区域规划编制的推进力度加强

我国在海洋规划方面的编制力度不断加强，已完成了大量区域规划的编制和修订工作。例如，南海、东海、黄海、渤海等海域已经制定了相应的海洋区域规划。

（3）明确规划目标和指导思想

海洋区域规划逐渐形成了以生态优先、资源合理配置、协调发展、管理科学化等为指导思想的发展方向。同时，规划目标也越来越明确，主要包括保护海洋生态环境、提高海洋产业发展水平、加强海洋治理等方面。

（4）数据采集和评估体系不断完善

海洋区域规划的实施需要大量的海洋数据支撑，我国正在逐渐完善海洋数据采集、共享和管理的工作。此外，还在建立海洋生态环境评估、资源评估和经济效益评估等体系。

五、海洋区域规划的未来展望

早期的海洋区域规划主要聚焦于近海海域管理和利用，随着环保和可持续发展理念的普及，海洋区域规划也开始将可持续发展作为核心目标，加强对海洋资源的保护和综合利用。同时，慢慢形成多部门协作、科技支撑、国际合作加强的新趋势。目前，已经完成的欧洲跨界海洋空间规划项目有十余项。随着我国海洋事业和海洋科技的快速发展，海洋区域规划也逐渐形成完整的理论体系和技术体系，这为我国海洋产业的长足发展奠定了坚实基础，同时也为我国海洋区域规划的发展提供了广阔空间。由于海洋开发的力度加大，国家的海洋区域规划管理的体系也由过去陈旧的管理模式进行更新，这也为海洋区域规划管理奠定了一定的基础。我国海洋区域规划也是随着海洋区域开发的扩大以及国家对海洋资源的整理而逐渐系统化。海洋区域规划未来的发展可以概括为以下几点。

（1）扩大海洋保护区的规模和种类

我国的海洋保护区的规模比较小，种类也比较单一，与发达国家相比水平还比较低，不能满足海洋生态文明建设的迫切需要，也无法适应海洋生态环境保护的严峻挑战。

在海洋区域规划中，要努力扩大各海洋保护区的面积和类型，随着对海洋生态系统重要性的认识提高，规划将更多关注生态功能区的划定和保护。这将包括建立海洋保护区、定义敏感生态区、限制污染和破坏性活动等，以维护海洋生态系统的完整性和健康。设立海岸带地区海洋保护区类型与划定范围要充分考虑海洋与陆地之间的协调与联系，保证海洋保护区之间的有机结合，避免功能上或者管理要求上的不统一。

（2）提高前瞻性和动态适应性

制定海洋区域规划时，应对未来用海需求进行科学预测，并借鉴国际上海洋区域规划制定过程中用海需求预测的方法与模式，以更好地满足中国经济发展“新常态”，从而达到海域使用精细化管理。

建立海洋区域规划动态追踪评估与修正制度，确定追踪评估海洋区域规划执行周期及关键性指标，根据追踪评估结果修正海洋区域规划。建立海洋功能区划“一般性修改”“重大性修订”常态化机制，确定无法修订的刚性指标、可以及时修订的弹性指标，细化不同类型修订程序。如调整海洋功能区划依据相关标准与现行《中华人民共和国海域使用管理法》中关于“经国务院批准，因公共利益、国防安全或者进行大型能源、交通等基础设施建设，需要改变海洋功能区划的，根据国务院的批准文件修改海洋功能区划”的规定进行变更；调整海岸带保护规划指标要求，在原有基础上增加了重点水域的数量以及相应比例要求。

（3）加强公众实质性参与

未来的海洋区域规划要更加强调多利益相关方的参与。规划过程将涉及政府、业界、科研机构、民间社会组织等各方的广泛参与，以确保各方的利益得到平衡，并使规划决策更具可行性和可接受性。增强公众参与的效果，需要加强信息系统建设，确保海洋区域规划的相关法律法规和成果文件必须依法全面公开。与此同时，要持续推行建设项目用海公开听证制度，进一步制定详细的利益相关者协调政策，以确保利益相关者的合法权益得到有效保障和实施。定期公开发布海洋区域规划实施情况的成效和存在的问题，通过多种媒体形式进行专题报道，提高公众对海洋问题的认识和重视程度，为海洋区域规划的有效执行打下坚实的民众支持基础。

（4）完善技术体系

海洋区域规划应当纳入国土区域规划体系，以确保其与“多规合一”、用途管制和陆海统筹原则相协调，从而实现对海洋资源的可持续利用和保护。通过梳理现有海洋区域规划编制现状，结合新时期我国经济社会发展需求以及海洋开发开放面临的重大挑战，基于“多规合一”总体要求，全面、深刻地分析和评价现有海洋区域规划的适用范围，并据此修改海洋区域规划的有关法律、法规和技术标准，明确其技术方法、类别划分、层级体系、实施程序和管理要求，以尽快确定海洋区域规划的相关内容。

在科学评估现有及其他海域规划的基础上，我国应当尽早启动海域国土空间规划，并将海域空间规划纳入其中。我国海洋行政机关迫切需要厘清我国海洋功能区规划的定位与作用，并将其与沿海地区的经济、社会、文化发展目标相结合，以实现我国海洋生态文明的目标。因此，应建立一个统一协调的全国范围内海洋资源开发和利用管理平台。为保证国家对海洋资源的有效配置和合理使用，政府有关部门必须制定相应政策来引导、规范和促进海洋资源开发利用活动。为此，我国需要构建一套能够适应社会主义市场经济要求和国际市场规则的法律法规体系，以及完善相关配套制度。

六、海洋区域规划的对策

首先，强化区域统筹。规划坚持整体统筹发展的原则，整体优化提升区域，“一盘棋”考虑重点区块和基础设施，对功能组团、区域交通和市政设施进行统筹。①培育特色功能组团。规划打破行政界线，以功能组团的形式统筹城镇、产业区块、港口区块和度假区块的发展，明确特色功能组团。②统筹区域交通布局。规划以生态保护为导向，根据海湾区域的发展定位，确定区域交通容量，配置合理的区域交通等级路网，加强海湾区域与中心城区及周边县市区的快速联系。③统筹区域市政建设。规划整合现有设置不合理的排污口，统筹排污设施建设；对海湾区域范围内的水源、给水工程、电力设施、电力通廊、燃气和热力工程等进行统筹规划（图1-3）。其次，需要制定统一规划标准和工具。在海洋环境保护和建设中，应对海洋区域规划进行科学、严谨的标

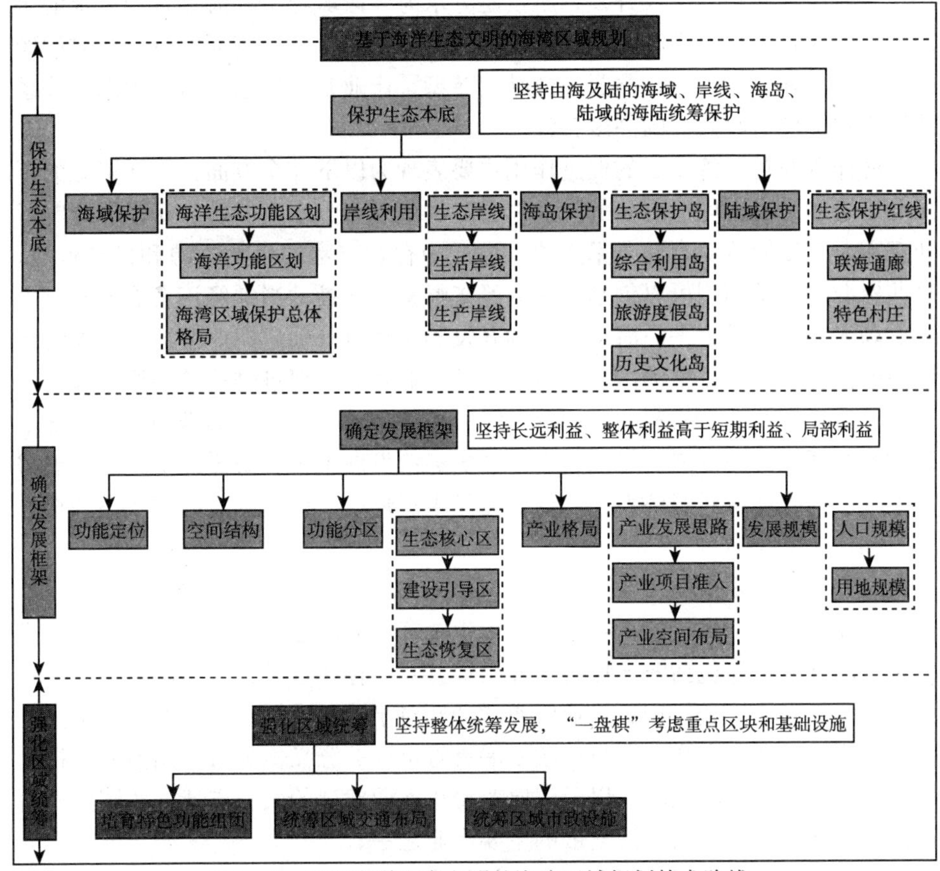

图1-3　基于海洋生态文明的海湾区域规划技术路线

准制定和规划数据共享体系建设。①加强政府主导与社会参与，政府应该发挥更大的主导作用，吸引各领域的专家和社会力量参与，形成一种协同治理的机制。②加强经济与环境协同发展。要加强海洋经济和海洋生态环境协同发展理念的落实，坚持可持续发展原则。③完善法律法规和政策措施，应充分考虑海洋生态环境保护、资源开发和利用、灾害防治等方面的政策措施，提高制度创新意识。

第四节　海洋资源开发与产业布局

一、海洋资源的开发与利用

海洋资源是指海洋中的各种自然资源，如石油、矿产、水产和潮汐能等。海洋资源的开发利用对人类的生产、生活和经济发展具有极其重要的意义。经济发展的基础离不开资源供给，因此海洋资源在海洋经济的发展中起到决定性作用。海洋资源的利用及开发，不仅是寻求海洋区域经济和海洋资源供求的协同发展，还是进行海洋区域规划的重要依据。海洋生态经济面临日益严峻的经济、生态、环境压力，日益紧迫的结构转型、产业升级要求，海洋生态经济系统健康状况已引起人们的高度关注。

海洋资源对经济发展的促进作用主要表现为以下几个方面：海洋资源的开发利用可以为当地创造更多的就业机会，例如渔业、水产养殖、海洋能源等行业都需要大量的劳动力和技术人才；海洋中存在丰富的生物资源和矿产资源，这些资源的开发利用可以创造更多的经济财富，在推动当地经济发展的同时可以提高人们的生活水平；海洋资源的开发利用也可以促进产业升级，例如海洋能源的快速发展可以推动国家的清洁能源产业发展，促进经济结构调整和转型升级；海洋资源的开发利用需要跨学科、跨部门的协作，能够推动区域内部不同领域之间的协调发展，提高整个区域的经济发展水平。海洋经济社会发展需求逐渐成为推动海洋经济发展、保护海洋生态环境、保障国家海洋权益的核心要素和重要支撑力量。

（1）渔业资源开发

海洋中存在着大量的鱼类、贝类等生物资源，渔业是其中的重要一环。渔业资源的开发主要包括海洋捕捞、养殖等方式，存在过度捕捞、环境污染等问题，需要加强管理和保护。渔业资源的开发对于我国沿海经济发展起着至关重要的作用，对促进海洋资源可持续发展有着重要的意义。随着我国渔业科技水平和生产技术的不断提高，以及政府对海洋渔业发展的大力支持，我国沿海地区海洋渔业生产已成为经济发展的主要产业之一。

以浙江省舟山群岛为例，舟山渔场是我国最大的渔场，位于东海北部以及长江入海口，优越的生态条件有利于鱼类生存，因此渔业资源十分丰富，生产力极高。舟山市是我国重要的海洋经济组成部分，水域资源丰富，渔业资源的开发方式较多样化，海水养殖是一项适宜的渔业资源开发方式。当前舟山市已经建设了一批现代化的海水养殖基地，发展了海参、鲍鱼和海产蔬菜等养殖业，有效促进了当地渔业产业发展。舟山市渔业资源丰富，发展海洋渔业可以提高当地渔业资源利用率。舟山市已经建立了完善的渔业管理机构，实施严格的渔业资源保护政策，同时鼓励科技创新，提高海洋渔业开发的技术水平和效益。舟山市捕捞资源丰富，有着丰富多样的渔业资源，不同的捕捞方法也有不同的特点，包括拖网、围网、刺网等。舟山市一般采取拍卖捕捞许可证的方式规范资源的可持续开发；贝类等水产品深加工业是舟山市渔业资源开发的重要组成部分，通过后加工能够提高渔业产品附加值，拓宽市场销售渠道。

(2) 海洋能源开发

海洋中风能、潮汐能等能源储量丰富，海洋能源是当今世界各国竞相开发的关键领域。海洋能源主要包括风能、海水温差能（热能）、潮汐能、波浪能等，它们蕴藏于海洋之中，是陆地不可替代的资源，海洋能源有望成为可再生能源的重要来源。海洋能源的开发利用方式有多种，如海水温差发电、海水波浪发电、海流（潮流）发电等。利用这些方式开发海洋能源，具有安全可靠、无污染和可持续发展等特点，海洋能源是 21 世纪可持续发展的重要能源之一（图 1-4）。

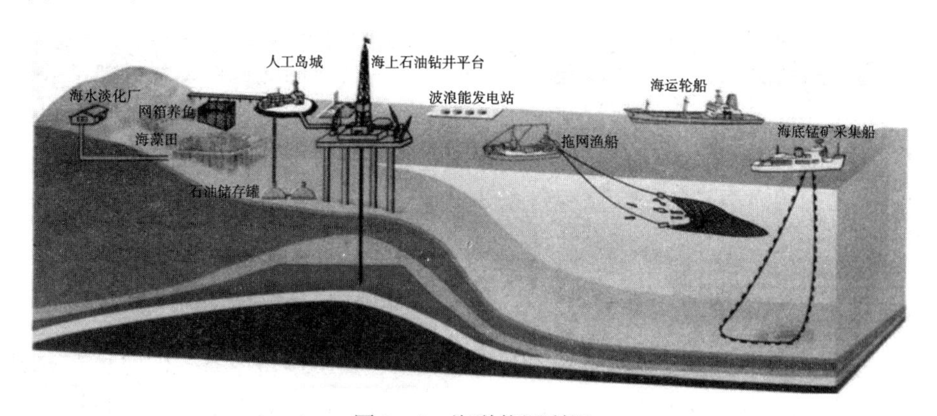

图 1-4　海洋能源利用

海洋能源的经济性和清洁性，使其在许多方面优于传统能源。它不仅能提供可再生能源，而且可以降低对化石燃料的依赖。同时，由于海洋资源丰富，开发成本低，因此具有巨大的经济价值。以英国潮汐能项目为例，这个项目是世界上最大的潮汐能项目之一，位于苏格兰北部奥克尼群岛（Orkney Islands）

海域的朋特兰湾（Pentland Firth）。这一海域目前是英国主要的一个潮汐能开发地区，拥有丰富的潮汐能。该项目占用了 3.5 千米^2 的海域，将分阶段完成。首先完成的是由 6 个涡轮机组成的，规模达 9 兆瓦的示范项目。2020 年项目部分投产，涡轮机阵列可以产生 86 兆瓦的电力，供 4.2 万户家庭使用——相当于苏格兰高地地区 40%的家庭。最终，该项目将实现高达 398 兆瓦的电力生产（数据来源：国家能源局官网）。

（3）海洋矿产资源开发

海洋矿产资源是一种重要的经济资源，海洋矿产资源的开发利用能够助力国家的经济发展，提高国家的自主矿产资源利用率和国际市场份额。我国海洋矿产资源的开发起步较晚，技术仍然比较落后，与发达国家相比存在一定差距。但是我国海洋矿产资源开发也已经有一些成功的案例，中国东海是重要的油气资源开发传统区，拥有大量的油气资源储量，是中国海上油气供应的重要地区。中国国家海洋局和中国海洋石油集团联合开发的东海大型油气田“深海一号”，已经建设完成并开始生产。它的开发建设为中国带来了丰厚的经济效益和社会效益，为国家提供了大量的天然气资源，有助于满足中国国内天然气的能源需求，提高国家的自主能源产量。在建设和开发前期需要大批设备、材料和人力资源，建设过程中也会产生大量的工程建设、物流、维护等需求，这有助于带动相关产业的发展，提高当地经济水平。同时，在建设过程中需要大量的工人、技术人员和管理人员，这为当地居民提供了大量的就业机会，改善了当地居民的生活水平。

（4）海洋旅游开发

海洋旅游可以为当地经济发展带来巨大的利益，同时也可以促进海洋环保和海洋文化的传承。海洋旅游开发是一项新兴产业，它与海洋相关的环境、旅游设施、文化等资源相结合，为人们提供了独特的海洋旅游体验。海南热带海洋世界是中国海南省的一个旅游景点，位于三亚海棠湾。该景点以展示海洋生物和海洋文化为主题，提供海洋动物表演、浮潜、海底玻璃观光、水上乐园等多种海洋旅游项目，吸引了数百万国内外游客。该景点每年创造巨大的旅游经济效益和就业机会。

海洋旅游开发不仅可以为国家和地区带来巨大的经济效益，同时也有利于保护海洋生态环境和传承海洋文化，是一项有前景的旅游产业。随着科技的发展和环保意识的提高，海洋资源的开发与利用方式会更加多元化和可持续化，这就需要人们在开发过程中加强管理和保护，避免对海洋生态环境造成不可逆转的破坏。例如海南省政府就海洋旅游资源的开发保护工作加强对相关法律法规政策的完善，依据《中华人民共和国海洋环境保护法》进行明确可操作的实施细则工作。

二、行业布局与产业链优化

海洋经济的发展离不开海洋区域规划，而海洋区域规划与良好的行业布局与产业链优化密不可分。根据《2022年中国海洋经济统计公报》，2022年，15个海洋产业增加值达到38 542亿元，与上年相比降低0.5%。传统海洋产业中的海洋渔业、海洋水产品加工业稳步发展；海洋油气业、海洋船舶工业等产业均实现了5%以上的发展。海洋新兴产业保持较快增长的态势。因疫情原因，海洋旅游业下降幅度较大（图1-5）。在当前海洋经济规划发展中，还存在以下一些不足，针对不足之处需要加以改进，加快海洋经济发展。

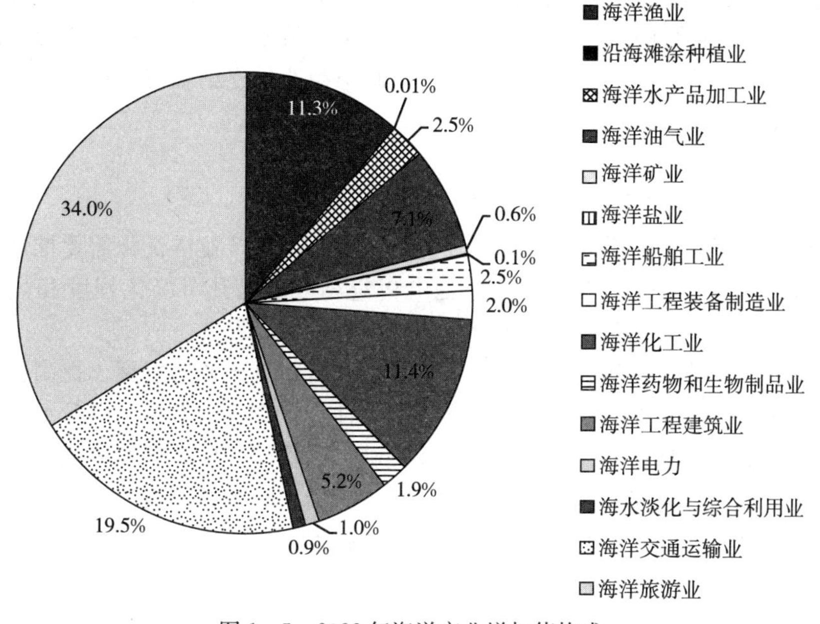

图1-5　2022年海洋产业增加值构成

一是行业布局整体优化程度较低。目前海洋经济在国家经济中占比不高，海洋经济行业之间的关联不够紧密，行业布局整体上存在分散、重复和重叠的现象。产业结构不合理，传统海洋产业仍是主导，产品产量位居世界前茅，但是其经济效益却不高，发展方式单一。同时新兴产业发展相对滞后，产业链不完善，各个产业之间缺乏充分的协作和协同发展，产业链环节相对分散，产业联动发展水平较低。技术水平有待提高，涉及海洋资源深度开发和探索的技术研发处于国际领先水平领域的较少，整个行业技术水平普遍有待提高。服务质量需要提升，海洋经济的服务质量整体较低，人才稀缺问题尤为突出。

二是一些海洋经济行业发展较为滞后。例如，滨海旅游业和海洋渔业仍存在较大的发展瓶颈。我国海洋生态环境脆弱、海岸线形态复杂、部分滨海地区资源枯竭，滨海旅游业开发机制不完善，需要促进海洋旅游消费升级，推动海洋旅游业高质量发展。另外，渔业资源过度开发、过度捕捞，严重影响海洋生态平衡，应促进海洋渔业资源节约集约利用，全面推动海洋渔业提质提档。

三是全产业链成熟度和产业集聚程度待提高。全产业链成熟度和产业集聚程度是海洋经济发展的重要标志，反映了一个地区海洋产业发展的整体水平和市场竞争力。目前，整个海洋经济产业链面临着上下游环节协同不足，过度开发导致资源枯竭，以及技术瓶颈、环境污染、中小企业竞争力较弱等问题，必须加强全产业链协同发展和产业集聚。

四是市场化程度和盈利能力亟待增强。当前，一些海洋经济行业发展模式较为传统，产业结构单一，难以满足市场需求。技术水平相对落后，妨碍产业链优化，制约了市场化程度和活力提升，缺乏商业化思维和市场化手段，盈利能力较低。

三、市场开拓与社会发展

对于以上行业现状，提升海洋经济的行业布局和产业链优化需要推进产业结构战略性调整，进行市场开拓，提出相应对策来提升市场化程度和盈利能力，促进社会发展，进一步推动海洋经济的健康快速发展。

首先，发展新兴海洋产业。积极引导和支持新兴产业的发展，提高科技创新能力以及海洋科技成果转化率，推进战略性新兴产业的发展。向深海大洋索要空间，发展新型的生产方式，是海洋突破自然资源和生态环境挑战以及培育新动能的重要战略方向。将海洋产业与海洋机器人、智能制造、海水养殖、生物医药等领域融合发展，不断提高新兴产业技术力量，增加海洋经济市场空间和发展潜力。

其次，优化海洋产业结构。调整产业结构，推动传统海洋产业向高附加值、高技术、高质量方向转型升级。大力发展海洋工程装备和智能制造装备产业，开展多渠道融资和便捷化电子商务等服务，集聚资源支持海洋经济，加快催化海洋新兴产业和高精尖海洋服务产业，加强生物医药、信息、新材料、新能源、节能环保等新兴产业创新合作。加强战略性新兴产业发展，建立健全产业规划，利用技术优势，积极引导企业加入产业开发，为海洋经济转型升级提供优质资源支持，实现海洋经济的可持续绿色发展。

再次，发展海洋人才。建立人才培养机制，培养高精专的海洋人才。高校需从确立人才培养新目标、实施人才培养模式、优化人才培养体系、探索人才培养新路径等方面入手，构建智慧海洋技术学院，培养海洋未来科技领军人才，从而实现真正的产学研相结合。高校应提高海洋教育和培训质量，加强教育与企业合作，鼓励学生走出课堂，深入实践，推动粤、港、澳等地和国际范围内的创新合作，通过海外留学、交流等方式，开阔国际视野，吸收海外优秀人才。不断提高海洋人才的创新能力与专业能力，满足海洋产业发展需求，提升市场竞争力。

最后，发挥政府作用。加强政策支持，政府需要在产业结构调整、技术创新、人才培养、环境保护等方面制定合理有效的政策规划，并起到一定的监管作用。强化海洋法治建设，建立健全法治制度，提高海洋法的科学性、系统性和普适性。建立船舶与港口的操作规范。建立透明的法律体系与管理体制，引导社会资本加大对海洋经济的投资，拓展海洋市场，将海洋经济与国内外市场紧密衔接，在借助全球市场力量的推动下，拓展海洋产业市场，提升海洋经济现代化水平，最终，实现经济效益、社会效益、生态效益的良性互动。

通过以上措施的实施，可以有效推动海洋经济的市场开拓，促进社会发展。同时，使海洋经济实现宏观和微观的双重效益，推动海洋区域规划与经济的健康可持续发展。

第五节 海洋区域规划技术基础

海洋区域规划技术是基于海洋环境、生态、社会经济等方面的多种数据，以及政策、计划、法律法规等各种信息，综合运用海洋科学、经济学、环境学、地理信息学和规划学等多种学科的理论和方法，对海洋区域进行分类、划分和规划，确保海洋利用的可持续性、环境的保护和维护社会经济的发展。海洋区域规划的技术基础是一系列技术手段和原理，通过海洋资源调查获取高质量的数据，在分析和评估海洋环境和资源的同时，为海洋生态系统评估、环境监测的政策制定提供方法，实现海洋资源可持续利用，保护海洋生态环境，为规划决策提供可靠数据和方法。

一、大数据技术

（1）大数据技术定义

海洋区域规划大数据技术是利用现代化数据技术和方法，实现互联网之间的数据交换，用于完成对采集数据的接收。将海洋生态环境、资源分布等数据内容集成并处理，再通过分析、挖掘、建模等手段，为海洋区域规划决策者提供具有科学性、准确性、全面性的信息和支持。

海洋大数据分析注重系统整体运行和数据累积效果产生的影响，这种技术借鉴了现代数据技术，将大数据与区域规划融为一体，通过对海洋环境、生态、资源等方面数据的采集、处理、分类和应用，深度挖掘和分析每个区域的优势和劣势，为规划决策提供更真实可靠的数据来源，从而保障规划决策的合理性和科学性。

海洋区域规划大数据技术能够实现对海洋生态环境与资源的精确刻画和评估，通过处理来自不同角度的数据，获取海洋区域生态环境和资源状况真实的状态，进一步为科学合理的海洋区域规划提供保障。同时，该技术对于探索海洋规划决策的应用方法和模式也具有非常积极的推动作用，能够提高规划决策的可靠性、高效性和科学性，同时为海洋生态保护、资源利用、经济发展等提供科学依据。

（2）大数据技术应用

海洋区域规划技术基础的大数据应用在海洋数据采集和处理时，利用各种遥感技术、传感器、卫星图像等手段对海洋环境和资源进行实时监测和采集数据。将多源数据整合到一起，同时采用数据挖掘、分析和建模等技术，帮助规划工作人员更好地了解海洋的资源分布、变化趋势和影响因素，为规划决策提供科学、准确、及时的数据支持。当大数据应用在海洋规划数据分类时，将数据系统划分为人文、环境、生物、地理等多种不同类型，结合地图、三维模型和模拟等可视化技术，进行数据可视化、分析和应用，帮助规划者更好地了解海洋资源的分布、质量和利用水平等情况，为规划决策提供科学依据。当大数据应用在海洋规划模型的建立时，将海洋数据和规划目标结合起来，运用智能学习、数据挖掘和深度学习等先进技术，建立微观和宏观海洋规划模型，帮助规划决策者进行区域划分和经济评估，从而制定出更为准确、可行且可持续的规划方案。在海洋规划信息系统的构建方面，在已有的基础上，建立可视化、可交互的海洋规划信息系统，根据实际需求，为规划过程中的数据整合、分析和决策提供方便和快捷的支持。

海洋区域规划技术基础的大数据应用在海洋规划可持续性分析时，通过大数据技术和模型，对规划目标达成的可持续性进行评估，这部分可评估资源利用对生态环境的影响和经济社会效益，为规划方案的实施提供科学、合理、直观的指导。海洋大数据既是大数据技术在海洋领域的科学实践，又是大数据技术和分析方法支撑下的特殊价值实现。综上所述，海洋规划的大数据应用能够全面、准确、快捷地收集、整合和分析海洋环境和资源相关数据，为规划决策提供有力支持，同时也有利于实现可持续发展。

二、VR 技术

（1）VR 技术定义

海洋区域规划虚拟现实（VR）技术是利用传感器和计算机，将传感技术、计算机技术以及多种仿真技术相结合并应用的一种新兴技术，它可以为用户提供一种具有交互作用的三维动态虚拟环境，让用户获得一种沉浸式的体验，还可以为海洋资源开发、海洋环境保护、海洋交通管理、海洋科研支持等方面提供重要的决策支持。具体来说，海洋区域规划VR技术可以通过虚拟现实技术模拟海洋环境，实现对海洋资源的可视化展示和分析。通过VR技术，决策者可以在虚拟环境中快速了解海洋资源分布情况、海洋环境变化趋势、海洋交通状况等信息，从而准确地制定海洋开发和保护的规划和决策。此外，海洋区域规划VR技术应用还可以为海洋科研提供有力的支持。科研人员可以通过VR技术在虚拟环境中模拟海洋环境，开展海洋生态、海洋气象、海洋地质等方面的研究，从而更好地了解海洋的特性和变化规律。总之，海洋区域规划VR技术是一种创新的决策支持工具，可以为海洋资源的可持续开发和保护提供重要的技术支持。

（2）VR技术应用

海洋区域规划VR技术应用是基于虚拟现实技术的空间模拟方法，从而帮助决策者更直观地了解海洋资源的分布、利用和管理情况，以及预测未来的发展趋势。以下是关于海洋区域规划的VR技术应用。

一是海洋生态系统模拟，利用计算机模拟技术对海洋生态系统进行模拟和分析。通过VR技术，可以将海洋生态系统的各个因素，如海洋生物、水质等，以虚拟现实的形式呈现出来，并进行交互式的分析和处理。这些模拟结果可以用于评估海洋生态系统的健康状态，以及制定保护和管理海洋生态系统的方案。为了保护海洋的生态，程序员设计了一款名为"海洋守护者"的VR游戏，这款游戏的核心就是对VR游戏的机理、场景设计、交互界面以及技术的实现进行深入研究，然后，程序员将设计出一款有趣味性的游戏，让玩家们在玩VR游戏的同时，也能关注到海洋保护。

二是海洋气候模拟，这是一种使用计算机模拟海洋和大气的交互作用来预测未来气候变化的方法。通过VR技术，可以将海洋气候的变化趋势，如海洋温度、海洋风向、海洋降雨等虚拟呈现并用于预测未来的气候变化，以及制定应对气候变化的措施。

三是海洋地形模拟，它基于海底地形的地质形态和物理特征，通过数值模拟来生成海底地形的三维模型。通过VR技术，可以将海洋地形的高低起伏、海底地形等虚拟呈现并用于评估海洋地形特征，以及制定海洋资源的开发和利用方案。

四是海洋资源模拟，通过使用计算机来模拟海洋生物、矿产等资源的分布、数量和可持续利用情况。利用VR技术将海洋资源的分布和利用情况，如渔业资源、海洋能源资源等，以虚拟形式呈现，用于评估海洋资源的利用潜力，以及制定海洋资源的开发和利用方案。

五是海洋环境模拟，通过 VR 技术，可以将海洋环境的污染情况、海洋垃圾分布等，以虚拟形式呈现出来，加以分析和处理进而应用于评估海洋环境的健康状况，以及制定保护海洋环境的方案。在此基础上，构建一种基于虚拟现实技术的海上平台远程检修系统，突破时空局限，实现对海上平台的远程检修，缩短海上平台的维修周期，提升海上平台的工作效率。

海洋区域规划是一项复杂的任务，需要考虑到多个方面的因素，而 VR 技术可以提供更加直观、真实的海洋环境模拟，使规划者可以更加清晰地了解规划区域的情况，更好地评估不同规划方案的优缺点，可以提高规划的准确性和效率，为海洋资源的合理利用和保护提供科学依据。

三、遥感技术

遥感技术是随着航空摄影技术发展起来的新型空间探测技术，目前在海洋测绘领域中也取得了较为显著的应用效果。海洋区域规划遥感技术是指以卫星遥感技术获得的海洋数据为基础，对海洋生态环境、资源开发利用等方面进行综合分析和研究，形成科学、规范、有效的海洋发展计划和路线实施方案。海洋区域规划遥感技术应用主要是指利用遥感技术获取海洋质量及水文、地形地貌、生态环境等信息，从而为深化海洋环境保护、指导海洋资源开发利用、支撑海洋决策提供科学数据。通常应用于以下几方面。

一是海洋生态环境资料获取。遥感技术可以获取海洋生态环境方面的数据，如海洋植被面积、水质状况、海洋生物及鱼群分布等信息，以帮助进行海洋生态保护和海洋资源管理。总体来说，采用遥感技术获取海洋生态环境信息，能够实现数据及时性、准确性的提升以及数据界面图形展现及时方便的获取，从而无论从使用角度还是遥感探测方面都能满足海洋环境规划与决策制定的需求。

二是海洋资源勘查。遥感技术还可以获取海洋资源信息，如海底地形、海洋矿产分布、海底油气藏等，并能够对海洋资源进行全面勘查和深入研究，帮助政府和企业更准确地了解海洋资源潜力和分布规律，为海洋资源管理和开发提供数据支持。

三是海域使用管理。一些海洋项目的管理需要遥感技术，如船舶监管、海上风电项目监管等。遥感技术可以实时监测海上的船舶位置和动态信息，并对船舶行驶进行复盘，以此来保障海上交通安全和船舶管理；同时，遥感技术还可以对海上风电、海上钻井平台进行监视，及时发现问题并进行处理，从而保证海洋规划的条理性和可控性。

四是海岸带管理。遥感技术在海岸带的管理中也有重要的应用，如海岸线监控、海岸带土地利用等。通过遥感技术获取影像数据，对海岸线进行绘制和监测，进而对海岸带的利用进行规划和管理，使海岸带的开发利用更加科学、规范、遵循绿色发展的原则。

五是海洋环境保护。海洋区域规划遥感技术还可以在海洋环境保护方面发挥重要作用，如海洋溢油预警、船舶空气污染预报等。这些技术可以对海洋环境状况进行实时监测，及早发现异常情况，达到预警、预报、预测的作用，从而采取有效措施，保护海洋环境。

总体来说，遥感技术在海洋区域规划中具有广泛的应用价值，能够为政策制定、资源保护、海域管制等方面提供数据支持和决策帮助。而通过海洋遥感技术的高精度、高分辨率、高时序、多源多元组合等方面的特征，可进一步完善海洋区域规划的逻辑性和科学性。

第二章　海洋区域规划概念、方法与内涵

2021年3月12日，《中华人民共和国国民经济和社会发展第十四个五年规划和2035年远景目标纲要》对外公布，其中第九篇“优化区域经济布局 促进区域协调发展”中制定“海洋”专章，要求积极拓展海洋经济发展空间，协同推进海洋生态保护、海洋经济发展和海洋权益维护，加快建设海洋强国。2021年12月15日，国务院批示通过了国家发展改革委、自然资源部呈递的《“十四五”海洋经济发展规划》（以下简称《规划》），要求国务院有关部门要按照职责分工，加大对《规划》实施的指导和支持力度，国家发展改革委、自然资源部要会同有关方面加强统筹协调。2022年1月，国家发展改革委、农业农村部等六个有关部门联合印发《“十四五”海洋生态环境保护规划》，按照党中央关于统筹污染治理、生态保护、应对气候变化的总体要求，从五个方面部署了相关重点工作；按照构建现代环境治理体系等要求，从四个方面提出了相关重点任务和支撑保障措施。

根据《2022年中国海洋经济统计公报》，2022年全国海洋生产总值94 628亿元，较上一年增长1.9%，占国内生产总值的7.8%，比例与前一年持平。其中，海洋第一、第二、第三产业分别占海洋生产总值的4.6%、36.5%、58.9%。我国海洋经济于稳中求进，在国内生产总值中占有了一席之地，海洋产业结构总体显现出趋向合理的态势，其潜能也日渐呈现在了大众的视野当中。

随着世界人口和经济的继续增长，海洋资源的开发和海洋经济的增长对许多沿海国家至关重要。这些国家中有一半以上实施了与海洋相关的区域规划或举措，大约有13个国家批准并实施了覆盖世界7%领海和专属经济区（EEZ）的海洋计划，并朝着更加协调的方向迈进，海洋区域规划正在成为沿海国家减少用户间冲突、实现蓝色增长和可持续海洋发展的流行工具。

过去30年来，各国政府在海洋综合规划和管理方面取得了重大进展。事实上，在拥有海洋水域的国家中，约有一半已开始某种形式的海洋区域规划倡议，而且对海洋区域规划的兴趣继续增长。

虽然自2010年以来，中国的海洋科学研究发展强劲，但在海洋区域规划领域仍然没有代表。造成这种情况的主要原因是中国的大多数案例研究仅将海

洋分区作为规范海洋利用的操作措施。

中国学者普遍关注海洋区域规划的理论基础和技术方法，在中国，海洋区域规划最常用作海洋功能区划（MFZ）。2001年，我国颁布《海域使用管理法》，形成“分区管理空间准入”的有效管控方式。2015年，国务院印发《全国海洋主体功能区规划》，将管辖海域划分为重点开发、优化开发、限制开发、禁止开发四类主体功能单元，成为我国海洋空间开发的基础性和约束性规划。随着《全国海岛保护规划》和“十三五”海岛保护专项规划的出台，我国形成了海域、无居民海岛全覆盖的空间开发保护格局与管理机制。此外，国务院及有关部门还先后制定和发布海洋生态红线、海岸线保护与利用等空间管理制度。至此，我国基本形成了以海洋主体功能区规划、海洋功能区划、海岛保护规划为主体，海洋生态红线、海岸线保护与利用等制度为约束的海洋空间全域、多层级规划体系。但我国的海洋区域规划忽视了国际海洋区域规划的关键因素，即海洋用途的竞争性和用户利益的冲突。

总的来说，中国的海洋区域规划研究落后于国际发展，缺乏对海洋空间冲突的研究。为了解决中国资源环境约束与无限发展需求之间的明显矛盾，2019年，中共中央、国务院发布了《关于建立国土空间规划体系并监督实施的若干意见》，呼吁实现“多规合一”，强化国土空间规划对各专项规划的指导约束作用。2020年，自然资源部正式发布《资源环境承载能力和国土空间开发适宜性评价技术指南（试行）》（以下简称“双评价”）。“双评价”现被引入为空间规划的基本工具。虽然“双评价”工具为中国的陆基规划提供了一种定量方法，但它尚未扩展到海洋领域，也尚未产生有针对性的操作。“双评价”将资源、环境和人类发展结合起来，这是确定海洋利用的兼容性和冲突性的关键，从而有效优化海洋空间格局，对实现我国海洋区域多元规划的融合具有重要意义。

第一节　海洋区域规划研究的理论基础

一、海洋经济的基本概念

建立在传统经济学基础上的解释认为，海洋经济是一种通过开发和利用海洋资源来获取经济收益的经济活动，这些活动包括但不限于渔业、船运、海洋石油和天然气采集等领域。这一定义主要关注对于海洋资源的开发和利用，以及利用海洋资源来促进经济发展的经济学观点。

建立在环境保护和可持续发展理念上的解释认为，传统的海洋经济模式会对海洋生态系统和环境带来威胁，因此海洋经济应该建立在可持续发展的基础上。在这种解释中，海洋经济既包括对海洋资源的合理利用，又强调需要保护海洋环境和生态系统，实现经济效益、社会效益和生态效益的统一。

建立在地理空间视角上的解释认为，海洋经济是以地理空间为主导因素的经济活动，受水文和物理特征等自然条件的影响较大。这种定义强调海洋环境和地理空间特征对于海洋经济的重要影响，需在此基础上进行合理的规划和发展。

建立在综合管理视角上的解释认为，海洋经济的概念不局限于单一的产业或经济活动，而应被看作多个方面综合影响下的复杂生态系统。这种定义引申出了综合管理的概念，注重对海洋环境、生态、社会、文化和经济等多个方面的综合考虑，强调海洋经济的规划和组织需要更加综合化和协调性。

综上所述，不同学科的视角对海洋经济概念的详细解释有所不同。我们认为在规划方面，海洋经济被理解为基于科学、合理和可持续的战略规划，通过开发和利用海洋资源，保护和改善海洋环境，调整产业结构，推动区域经济协调发展，促进经济增长和社会进步的经济活动。该理解强调了规划在推动海洋经济发展中的作用，其中规划应当为海洋经济的可持续发展和综合管理提供科学的基础和指导。

二、海洋区域的基本概念

建立在社会经济发展基础上的解释认为，海洋区域为包含各种经济和社会活动的领域，不仅涵盖了传统的海洋产业和服务业领域，还包括新兴产业领域和社会发展领域。这种定义主要强调了海洋区域的经济性和社会性，提出海洋区域需要被视为整体经济生态系统的一部分。

建立在环境保护和可持续发展理念上的解释认为，海洋区域不应只关注其中的经济活动和资源开发，而要以生态系统和保护生态环境为首要目标。这种定义强调了海洋生态环境的重要性，并支持实现海洋可持续发展和保护。

建立在地理学和地理信息科学基础上的解释认为，海洋区域为以海洋为中心的地理空间单元，受众不仅包括国家、地区、民族和政府，还包括经济和社会行为等方面。这种定义强调了海洋区域与地理空间和地理信息科学的联系，帮助人们更好地理解海洋区域的自然和社会特征。

在不同的视角下，对海洋区域的理解是不同的。在规划的视角下，我们认为海洋区域概念主要强调海洋区域规划的重要性。将海洋区域看作一个空间单位，需要在其中进行经济、社会和环境等多方面的规划，包含海洋、岸线、港口、航道、船舶等元素，进行有目的的规划和利用，以实现经济、社会和环境的协调发展，强调海洋区域规划需注重综合性、系统性和可持续性，以实现不同需求的协调和平衡。

三、海洋区域规划的基本概念

建立在“海陆空一体化”理念基础上的解释认为，海洋区域为一个复合空间，强调需要将海洋空间的规划与陆地和空气等其他空间的规划相结合，以实现多层次、多尺度和多领域的整合。

在生态环境视角下，海洋区域规划的重点是生态保护和环境管理。该视角认为，在进行海洋区域规划时，需要综合考虑各种人为和自然因素，致力于实现生态系统的可持续发展，通过保护海洋生态环境来促进人类社会的可持续发展。

在社会经济视角下，海洋区域规划主要注重经济效益和社会利益的平衡，并在此基础上进行海洋资源的合理开发与利用。该视角强调海洋规划必须考虑人类社会的需求，要通过海洋规划来促进社会经济的可持续发展。

基于规划视角，海洋区域规划主要将海洋作为规划空间单元，以实现海洋资源、空间和环境的有序利用和综合保护。海洋区域规划需要综合考虑海洋经济、生态环境、社会发展和文化遗产等方面的需求，通过科学分析和规划手段，达到优化海洋空间结构、提高海洋资源利用效率、优化海洋环境、维护海洋生态平衡、促进经济发展和社会进步等目标。在海洋区域规划中，需要综合运用空间、经济、生态等规划理论和方法，通过政策、法律和社会参与等多种手段进行落实和实施。

第二节　海洋区域规划的主要任务与目的

一、海洋区域规划的任务

（1）有关进行海陆统筹的任务

首先，需要界定海洋和陆地边界的标准，从而有利于沿海地区特别计划完全覆盖与行政部门的执法，包括陆地和海洋在内的整个区域必须接受规划。其次，除了考虑海洋开发过程中的生态问题和促进海洋开发的可持续性外，海陆统筹（LSC）还进一步讨论了陆地和海洋经济系统的协调发展。协调内容已从经济发展演变为生态、环境、经济、资源、交通、备灾、文化、权益的综合。然后，政府需要在专家和当地社区的共识下设计当地新的海洋经济规划，并加强政府发展政策和当地区域产业布局之间的协调机制，最突出的包括那些涉及竞争用途的活动和利益：渔业、水产养殖、航运、旅游、海上可再生能源、海洋保护区和港口。此外，在经济走廊项目下实施任何海洋区域规划计划之前，还应为当地居民组织培训计划和讲习班，研究机构和大学应积极参与。于是，通过与利益相关者、科学家和决策者的互动，结合历史数据，结合海洋保护协会、海洋友爱组织等非正式组织开展工作，进行知情评估，可以开始产生政策草案。通过构建单个海洋区域内存在的问题，制定全面解决每个问题的政策和目标，可以解决冲突。至关重要的是，政策和目标的措辞必须清晰、易懂和透明，以便使公众易于理解和接受。草拟政策的人士应考虑设立工作组，邀请公众人士应与他们的教育背景、兴趣或职业无关。因此，该计划应具有社会包容性。规划过程中的社会包容也保证了人民在决策过程中享有某些权利，并能够平等地参与沿海和与海洋有关的经济活动。同时，应采取“多规合一”的原则，海洋区域规划参照海洋主体功能区规划、海洋功能区划、海洋经济发展规划、海洋环境保护规划、国民经济和社会发展规划、产业规划、土地利用总体规划、城乡建设规划等，将数个规划有效融合。为此，建议可以统筹建设海洋公共信息平台，开展岸线、海岛、滩涂等资源的全面梳理，统一海洋基础数据，建设统一的规划讯息查找、审理公办系统；建立海洋“多规合一”专门指导小组，打造按期磋商机制，协调处理海洋规划过程中出现的问题，以探寻多规合一融入海洋区域规划的路径。最后，处理好“以陆定海”与“以海定陆”的双向过程。以陆域发展与功能为主导的区域，应“以陆定海”保证陆域用海空间，匹配相应产业布局，限制与陆域空间发展不协调的用海行为等。而以海域发展与功能为主导的区域，则“以海定陆”保证用海项目的用地需求，匹配相应涉海产业布局，限制布局与海域空间发展不协调的产业等。

（2）有关利益相关者参与的任务

据定义，规划和执行利益攸关方的选择并决定其纳入海洋区域规划的任务内容是推动海洋区域规划进程的重要组成部分。首先，这种参与性决策需要触及重要问题，可根据“5W1H”原则，即为什么（Why）、何目的（What）、何时（When）、何地（Where）、谁（Who）、何方法（How）让人们参与以实现海洋区域规划的可持续发展。其次，海洋区域规划从早期规划阶段就依赖于利益相关者的包容，以确保实现多个有时相互矛盾的目标，但海洋区域规划在实践中倾向于“确保非民主目标的民主合法性”，这些倾向是由强大的、政治上有利的行为者设定的，而不是让利益相关者参与真正的决策。对海洋区域规划应采取一种更关键的方法讨论海洋区域规划的分配问题，以考虑谁从海洋区域规划过程中受益。如果权力失衡通过海洋区域规划不加控制地实现合法化，它可能导致强大的利益相关者排除边缘化利益相关者，或者它可能使边缘化利益相关者将该过程视为没有任何实际影响的“门面”，从而浪费他们的时间，因此他们可能会主动决定不参与。因此，参与海洋区域规划需要以明确的方式处理权力失衡，从而合理划分各方利益分配并解决相关的冲突和争议，以抓住利益相关者的利益，并最大限度地提高利益相关者对进程的信任。还必须特别强调在性别、年龄和各个社会群体方面具有平等代表性的目标，以避免不平衡地参与规划过程。此外，面对信息很少或现有信息有争议或定性的规划情形时，会经历三个阶段，从利益相关者接收信息的阶梯底部的单向沟通的初级阶段，到利益相关者进行更多谈判和协作的中级阶段，再到利益相关者比当局承担更多责任的高级阶段。当规划者、当局和政治家在参与阶梯上站出来时，利益相关者互动的学习强度和权力水平就会增加，协作就可以发生。在学习强度较高的协作参与环境中，可以发生双重或三循环学习，其中知识不仅交换，而且由利益相关者创造或共同创造。

（3）有关生态系统应用的任务

虽然之前对海洋生态系统运用于海洋区域规划进行了研究工作，但仍然相当缺乏如何将沿海和海洋生态系统服务纳入决策的基本知识和最佳实践。首先，采用这种方法需要了解生态系统功能如何，何地和何时提供生态系统服务，以及这些功能在提供生态系统服务时如何相互作用。有必要了解人类如何通过直接或间接使用生态系统服务从生态系统服务中受益，人类如何影响生态系统功能，以及这如何影响生态系统服务的供应，进而影响人类福祉。为确定当前状况而收集数据、信息和知识，以及利益攸关方和社会的沟通和参与，是生态系统服务与海洋区域规划之间的关键联系。其中，生态系统服务的明确定义是影响整个海洋区域规划实施进程的关键因素，使用环境、经济和社会指标是生态系统服务评估和海洋区域规划实施过程的基本要求。其次，生态系统服务的绘图和评估过程可用于更好地了解当前生态系统服务供应、流量和需求的空间分布，方法是将人类活动的强度与获得的经济效益联系起来。当前状况的定义还考虑了对环境状况的评估［例如海洋战略框架指令（MSFD）的定义］，因为它与生态系统服务提供能力有关，从而决定了海上活动的分布，对环境状况的评估还可以决定采取的具体养护和恢复措施，也会影响海上活动的分布。情景定义和分析对于查明潜在的空间冲突和竞争有着重要作用，特别是现有传统海洋用途与新的海洋用途（例如开发近海可再生能源生产场）之间的冲突和竞争具有高度相关性。关于生态系统的监测和预测结构有助于确定和评估海洋区域规划各项发展战略和管理行动的协调方案。目前，海洋生态系统的预测与气候变化带来的环境影响具有高度的相关性。监测和评估已通过审批并实施的海洋区域规划有关管理行动应重点评估其环境、社会和经济目标的实现情况，生态系统应用的评估服务可以对此提供精准的专业性解决方案。关于生态系统应用提供的环境状态评估和变化预测信息，应用于重新界定和优化海洋区域规划目标、任务和有关管理行动，并向利益相关方反馈更新后的规划内容和管理计划。采用共同分类将增加透明度，这将有助于生态系统服务概念的可靠性和可操作性及其在决策和管理中的实际应用。共同的分类系统和概念将有助于在国家之间产生可比评估，促进区域评估，并有助于完善生态系统管理方案。同样，应设立由不同科学学科和机构的核心成员参加的区域工作组，以制定、讨论和商定方法和途径，以产生可靠和客观的成果和建议，为政策制定和管理优化提供基础信息。这里应特别注重非货币和货币估价方法的结合，以便为生态系统服务的需求提供社会经济指标，从而更好地解释对社会的惠益，指标最好将海洋生态系统提供的生态系统服务与社会经济活动联系起来。

（4）有关应对气候变化的任务

第一，科学家可以支持海洋区域规划纳入变化和动态，这需要多个维度——环境变化、随时间推移的社会生态动态以及规划面向不断发展未来的情景。今后针对海洋区域生态规划的必要步骤：首先，确定针对具体情况的风险标准，表明生态系统组成部分对不同压力的脆弱性，以进一步了解可接受的风险水平的阈值并确定当前风险的绝对值。其次，评价现有的管理方法，以便为合作中的政策调整提供信息。最后，填补生态和社会经济数据的空白。第二，由于共存物种对相同的环境变化可能表现出明显不同的脆弱性，因此进行生态预测需要在可能的情况下测量关键物种的基本生态位（例如使用耐热性实验）。预测还需要开发工具，以确定社区一级阈值或临界点的可能性（例如使用近现实世界的中观层面），并评估种群的适应潜力（例如通过共同的花园实验）。这种研究将有助于更好地预测种群、物种、生态系统及其功能的发展变化。第三，揭示气候变化影响背后过程的复杂性将有助于量化和减少空间规划决策过程中的不确定性，并将能够开发实用工具来验证适应性保护战略，比如将气候变化风险纳入累积效应评估，在确定保护优先次序时考虑与气候变化有关的生态进化过程，并在迭代过程中实施适应和缓解战略，从而评估和修改管理战略作为我们的知识库。

（5）有关跨界海洋区域规划的任务

第一，跨界海洋区域规划更侧重于合作过程，而不是制定监管计划。跨界海洋区域规划被理解为一个持续的过程，涉及多个国家或组织致力于不同的区域发展计划，并寻求以共同的方式解决跨界问题。第二，它涉及与国家海洋区域规划进程类似的方面，涵盖筹备、分析、规划、执行和评价阶段，尽管研究程度不同，但早期阶段是迄今为止关注的主要焦点。第三，同样以基本的信息数据采集为规划先决条件，再建立出各国之间的利益矩阵来显现各国于跨界海域的利益重叠境况；利益重叠区域可归为“冲突”“共存”或“竞争”三类；依据分类的情形，有关国家可采取不同的协商方式来构建国家之间的合作方式或解决方法。例如，欧洲的西南项目确立的八片“跨界重点海域”中存有一片“灰色区域（Grey Zone）”，尚属于诸方于专属经济区的争议区域。波兰规划机构于 2016 年 1 月向丹麦方递交了双向对话，探求争端海域的“共同规划”，用作处理划界问题前头的权且之举。两国的外交部也对这次会议给予了支持。经过探讨，双方在该区域使用相仿的海洋区域规划模式，说明双方于本国内的规划制定理念具有相仿性。双方于对话中还交换了本国海洋区域规划各时段的工作内容，对接了双方接下去的对话内容以及两国计划进行的数据编制等规划内容的工作。这类专注于专门海域的跨界规划形式，有益于各国通过熟悉彼此、互知对方的需求要点和详细利益所在，聚焦和具体化跨界规划所面临的各类矛盾。与国家海洋区域规划进程相比，跨界海洋区域规划更加强调在基于生态系统的海洋利用管理方面取得进展，这需要共享同一水域的国家之间进行跨界谈判和互动。第四，需要在海洋区域或次区域建立的现有跨界体制结构，包括国际协定、区域海洋公约和海域合作机制，可以在跨界海洋区域规划中发挥强有力的作用，这可以加强与邻近政府机构的关系，并协调不同司法管辖区的海洋活动（图2-1）。

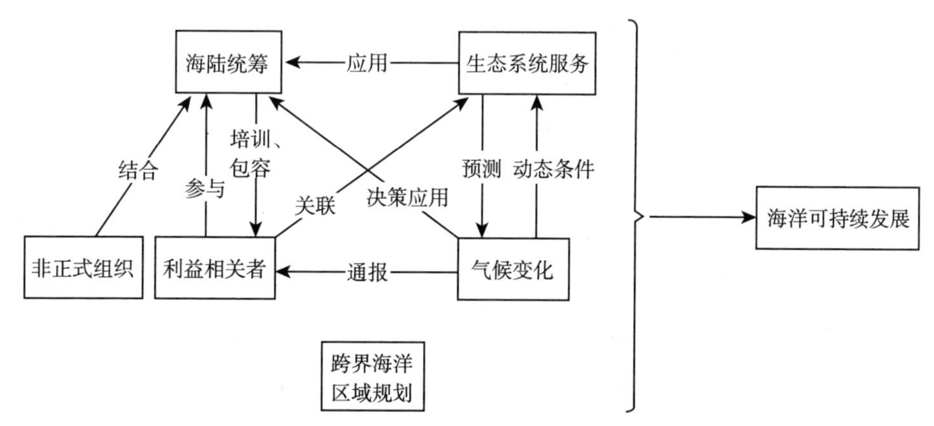

图2-1　海洋区域规划任务的内在联系的框架

二、海洋区域规划的目的

（1）进行海陆统筹

陆地和海洋一体化是沿海地区规划管理的一项关键原则，中国实践海陆统筹（LSC）的时间不长，但国家倡导的发展理念已体现在国土空间规划体系中，以海岸带规划为工具的LSC实践取得了积极进展。2017年，《全国国土规划纲要（2016—2030年）》实施，将LSC的重点转移到开展海岸带和海岛综合整治上。在此期间，LSC稳步加强陆地与海洋的关系，利用空间进行生态保护和防灾。

（2）对利益相关者的研究

现有世界许多技术较为成熟的国家已经证明海洋区域规划是一种多学科方法，它的执行有助于减少冲突、加强社会经济活动、促进可持续发展，并在不同行为者之间建立一个友好的环境。海洋区域规划需要通过各方之间的沟通、合作和交流，实现多利益相关者的参与和利益的协调。由此需要建立交互作用的机制，如组织研讨会、开放式论坛、在线平台等，以便利益相关者发表自己的意见，征求及参考其他人的建议。

政府可以让积极和有意义的利益相关者（例如当地社区和地方政党）参与

规划过程，这有利于提高规划过程的质量和有效性，甚至附带增加对政府机构的信任、改变资源所有权意识、增强参与规划过程的感觉，使公共政策决策合法化，并有助于可持续管理实践的发展，还能反作用于政府间的谈判和部门整合，包括公众在内的利益相关者的参与被认为是沿海、海洋规划和管理的重要组成部分。同时，参考美国的《21 世纪海洋蓝图》和日本的《21 世纪海洋政策建议》，海洋国策的重大一环是对广大公众开展海洋知识的传扬和教育，可见保证公众及民间智囊团纵深参加规划这一举动有相当参考价值。

（3）生态系统服务的应用

首先，生态系统服务（ES）概念将生态系统功能与人类福祉联系起来，并已成为支持海洋区域规划的潜在框架，因为它可用于将不同的部门和环境政策联系起来。将生态系统服务纳入海洋区域规划具有多重优势：支持可持续发展目标，根据蓝色增长战略促进新的海洋活动的发展，并支持建立保护区，如海洋保护区（MPA）。通过使自然的价值更加明确，生态系统服务方法可以促进关于不同海洋区域规划情景之间生态系统服务功能协调和信息交互的讨论，并确定可持续管理选项的优先次序。因此采用基于生态系统的海洋区域规划可以合理谋划现有和新兴海洋用途的空间分布、减少海洋资源利用冲突，从而推进生态系统服务的健康和可持续发展。其次，采用基于生态系统的海洋区域规划可以利用好海洋可再生资源，包括海洋潮汐流、潮流能、波浪能、温差能、盐差能、生物质能和海岛可再生能源等。

（4）应对气候变化

由于来自多种驱动因素的意外变化和动态，尤其是气候变化的影响，海洋管理正面临越来越大的挑战。气候变化可以改变个体的生存、适应性、物候和相互作用，影响种群生存能力和食物网动态，从而改变生态系统的结构和功能。气候变化被视为对海洋生态系统的一个新兴威胁，最近被列为区域优先事项。在我国的多样化保护系统中，气候变化的顶点强度和连通性较低，这表明了未来需要更深入地研究气候变化与其他压力和级联效应对我国海洋生态系统的潜在相互作用。

（5）跨界海洋区域的规划

对于拥有共享海洋水域的邻国或当局来说，解决区域海洋治理中的跨界问题以及面对海洋资源和活动的跨界性质和挑战至关重要。我们需要认识到跨界合作的重要性以及海洋资源和活动的跨界性质，跨界海洋区域规划的概念已经出现，特别是在欧洲。虽然迄今为止几乎所有海洋区域规划都是在专属经济区内制定的，但世界海洋的 60%位于公海或国家管辖范围以外区域（ABNJ）。展望未来，这意味着最终为包括公海和 ABNJ 在内的整个世界海洋制定海洋区域规划将非常重要。

第三节　海洋区域规划的原则、流程与方法

一、海洋区域规划的基本原则

区域规划是揭示区域经济发展及其地域分异规律的有效途径与手段，它必须以经济取得形式、建设理论与劳动地域分工和相互依赖理论为指导，通过确立一定的区划工作指导思想——区域规划的原则进行统一认识和部署，才能科学地、正确地划分出不同层次的生产地与综合体。关于海洋区域规划的原则，各国提法很不一致。但从国内外海洋区域规划理论和实践的经验分析，所遵循的海洋区域规划原则主要有以下五项。

（1）发生原则

海洋区域规划应充分重视海洋区域形成的自然基础，任何地区经济的发展，都是以合理开发、利用一定的自然条件与自然资源为前提的，没有这些资源，就不可能有效地开发利用资源，更不可能实现生产力的合理配置。因此，某一海域的形成，与该海域的特殊自然条件及自然资源结构密切相关。各海域的自然条件具有很强的相似性，其资源的种类和地域组合也具有一定的特征，各海域自身就是自然资源的初级组合单位。要重视经济建设与自然资源合理开发、利用、保护和改造之间的关系，并以此为基础来划分和建设海洋区域，是发挥地区优势，使资源、经济、生态平衡协同发展的客观要求。

（2）经济原则

在进行海洋区域规划时，要坚持以经济联系为先导，在特定的海域中，经济发展的条件在某种程度上是相似的，经济发展的方向也是相通的，经济联合既合理又紧密。每一个海洋规划区域都是劳动地域分工的一种体现，通过发展专业化部门，来实现合理的生产地域分工，从而强化与外界的联系，充分发挥地区优势，提升劳动效率和效益，促进生产力的发展。每个经济体本身就是一个有机的、有多种结构的、有组织的、有规律的经济发展区域，并以自身经济发展为纽带联系着更广泛的区域，以专业化的生产部门的“波及效应”为纽带，使各个生产部门的关系更加紧密。在海洋区域规划中，应当将这种紧密的经济关系表现出来，为推动区域经济联合和生产地理分工，实现区域城乡融合、工农结合、专业化与综合发展的有机结合，提供了一种有效的保障。

（3）动态原则

在制定区域规划时，应从区域的实际情况出发，从长期的角度出发，从区域的角度出发。要进行海洋区域规划，首先要对其进行全面的考察和全面的分析。通过全面细致的分析，我们可以从客观的角度做出科学的判断，从而确定未来的发展方向和可能。海洋区域规划不但要为海洋经济计划与生产布局提供

科学依据，还必须对经济发展的可能性进行充分评估，并对其所引起的生产力布局状况的变化及经济活动范围的变化进行评估等，将现状与远景相结合。但是，海洋区域规划的各个构成因素和它们的面貌都在不断地发展和变化，一个海洋区域规划方案，无论如何，都只能为某一时期的国民经济计划服务。当规划的目的达到时，分区规划的任务便告完成。所以，随着经济的发展，海洋区域规划也呈现出了“滚动”的特点，这就要求对其进行不断的修订和完善，并做出更大的改变。

(4) 统一性原则

每一海域都是一种在陆地上占有特殊地理空间的整体地域性产品，坚持统一原则的内涵是要维持某一海域的连续性和统一性，不能将某一海域与该海域的“飞地”分割开来，也不能将该海域从区域中分割开来，但从属关系又保留在该区域。这一点在自然分区中被称作“区域共轭”原理，应用于相邻的各类自然地域耦合共生组成的大区域概念。在一定的条件下，行政区划与海洋区域规划可以保持一定程度的一致性，比如在全国海洋区域规划的一级区划中，可以保持省级（或县级）行政区划单位的完整性，在省内海洋区域规划中可考虑保持县级（或乡级）行政区划单位的完整性。社会主义行政区划是领导人民民主政治生活的地域单位，具有组织领导经济建设职能的作用。

(5) 政治原则

社会主义海洋区域规划是充分发挥社会主义制度的优势，实现区域间的平等互助协作，共享生产地域分工的利益，走上共同富裕道路的一个重要保障。所以，在进行海洋区域的规划时，一定要注意到民族的要素，要注意到先进地区对后进地区的支持，让各个民族都能发挥出自己的积极性，让各个民族特有的生产技术在区域的经济建设中得到最大的发展，最大限度地支持并推动各民族的共同富裕，用先进带后进、后进赶先进的方式，快速改造贫穷落后的地区。此外，在进行海域规划时，还必须从国防的角度出发，以利于国家的发展。

二、海洋区域规划的流程

(1) 总结与评估上一轮规划

海洋规划编制之前首先应对上一轮海洋规划实施情况进行系统科学的总结和评估，分析规划目标和主要任务的完成情况，弄清哪些发展目标和主要任务已经完成、哪些没有完成，并搞清楚未完成的原因，是因为规划实施过程中出现了不利因素，还是因为发展目标和主要任务设定得不够科学合理，这些问题都应在对上一轮规划的总结和评估中解决，这样在编制新一轮规划时，可以针对完成情况，重新设计科学合理的发展目标和任务措施。

（2）分析存在问题

任何科学研究和公共政策的制定都是从问题开始的，海洋规划也以解决海洋发展中的问题为根本目的，因此，问题界定应先于海洋规划编制和研究。问题导向和目标导向并不冲突，规划目标总是与规划要解决的问题紧密联系在一起。由于海洋不同发展阶段的目标不同，因而问题的界定标准及其重要性排序也不相同。

分析问题大致可以由四个步骤组成：寻找问题的切入点、分析问题因素、进行问题因素的层次分析、进行问题重要性排序。

①寻找问题的切入点

一是通过海洋体系中各要素之间的相互影响来找出问题所在。二是从制度和制度间的联系入手，找出问题所在。三是通过建立合理的数学模型，对问题进行挖掘。四是在不同的领域、不同的学科、不同的行业、不同的部门进行交叉转移，发现问题。五是对已有原则和规范的质疑和挑战，提出更高的问题。

②分析问题因素

以上述问题为切入点，首先确定分析问题的体系范围，并对各个要素进行分析，进而对各个要素进行层层分解和罗列。其方法最好是采取从上到下、一层一层的分解方式，避免逻辑混乱。有控制地、循序渐进地理解更详细的内容，并对大型系统的复杂度进行有效的分析。另外，还可以根据分析的目的，构造出一个相同的题目，将笼统而模糊的目的，转换成一些更具体、更容易分析的目的，并明确问题的外在条件，以及对问题产生影响的主要因素。

③进行问题因素的层次分析

对每一个因子进行分析和数据的收集，并对分析结果以及相关数据进行初步的研究：明确各个因子之间的层级关系。总体而言，海洋发展问题指的就是经济社会发展对海洋的要求与限制，以影响海洋发展的自然、社会、经济诸因素之间的矛盾关系。层次分析指的是在已经清楚系统的范围以及它所包含的因素的基础上，对各因素之间的关联关系和隶属关系进行分析。

④进行问题重要性排序

对一个有规划的海洋体系来说，有些问题是亟待解决的，有些问题是可以推迟的；有的问题可以用现有的技术来解决，有的问题则要通过技术革新来解决；问题都有重要性和次要性，它涉及的是宏观和微观两个层面，这是一个具有普遍性和特殊性的问题。为解决问题，将那些有重要意义的、急需解决的和可以解决的问题按轻重缓急排列。

（3）专题分析研究

专题分析研究是海洋规划编制前期研究的重要内容，其广度和深度决定了海洋规划编制的质量和水平。专题研究目的是通过分析当前海洋经济和海洋事业各领域发展现状和突出问题，以鉴别其发展潜力，对比分析国内外发展的差距，合理确定海洋经济和海洋事业各领域发展的主要思路、目标和任务措施，以及需要开展的重大专项项目与工程。专题研究的设置应当根据规划工作基础、规划层级、规划任务实际确定，以满足规划编制需要为宜。

（4）确定目标和指标

规划目标指的是规划所要达到并追求的目标，它是以对海洋经济和海洋事业发展以及与之相关的经济社会的认识构成为基础，以解决海洋发展问题的途径为基础，最终确定的未来理想状态。海洋规划的目标是落实国家海洋发展总体战略，分析海洋发展形势，针对当前突出的问题和矛盾，根据海洋发展现状和潜力，确定各海洋领域总体发展目标，然后把海洋总体发展目标细化到具体海洋领域，确定各领域的发展目标。同时，利用数学模型对预期指标进行预测，对约束性指标做出确定，最后形成预期性和约束性指标共同构成的海洋规划指标体系。

规划目标不是既定的，它会随着环境的变化而改变；规划目标也并非单一，而是多元化的。规划目标的确立方法主要包括：①确立基本目标。基本目标是计划的最终目标，每一层次的计划目标都是以基本目标为基础，针对每一层次的问题所展开。通过调查研究，明确需要解决和可能解决的问题，针对问题明确目标。②罗列利益相关者的目标。这是确定目标的另外一条途径，即根据利益相关者的需求，列出不同利益相关者冲突的目标，分析目标之间的相互关系。③目标调整修订。以基本目标为标准，对上述所有目标进行分析，确定各目标之间的相互关系，删除重复的目标和由于条件不具备难以实现的目标，对相互矛盾的目标提出可能的协调方案，再对剩余规划目标的重要性程度、紧迫性程度进行分析，根据可以达到的目标，把计划的整体目标划分出来。

（5）编制方案

海洋规划的制定包括规划方案的编制和依法定程序完成规划审批两个内容，其中规划方案的编制又包括供选方案的编制、供选方案实施的效果预测、供选方案的综合平衡、供选方案的比较和择优等工作。海洋规划作为一种公共政策，应编制尽可能多的供选方案，这是合理决策、提高规划科学性的先决条件。编制规划方案的主要依据包括国家和地方关于海洋的法律法规和政策规定、上级规划的要求、国家和地区经济社会发展战略和规划、前期研究确定要解决的海洋问题、前期研究拟定的规划目标和指标、相关规划和部门对海洋发展的需求、专题研究成果等研究结论。

依据所确定的规划目标和控制指标，分析和预测海洋发展的影响因素和变化趋势，根据规划目标实现途径、投入水平和保证条件的不同，拟定规划供选方案。每个供选方案均需保证规划主要目标的实现。具体编制步骤：①根据海洋发展条件和规划大纲所确定的目标，分析目标实现的各种可能途径和情形，拟定规划实施的不同条件。②根据不同的规划实施条件，对规划期间海洋发展任务区对经济、社会、环境的影响进行预测。③对各类海洋发展任务进行综合平衡，拟定各类海洋发展任务方案。④对每一种可选方案进行一一对比，从中选择出最优的方案。

（6）方案优化

每一种供选择方案从不同的角度看问题，其优点和特征也各不相同。在选择过程中，应综合比较多种备选方案，选出效益较好、可行性最大的一种方案，作为提交计划的备选方案。

①方案评价内容

首先，技术可行性主要是从技术数据、路线、所采用的方法模型等层面看规划方案的科学性、合理性。具体来说，主要考虑基础资料和数据是否属实，分析、评价、预测的各项技术指标和参数是否准确可靠，海洋经济和海洋事业发展指标的确定和依据是否充分，规划方案对于规划目标和任务满足的程度等方面。其次，经济可行性分析就是从提高海洋发展的经济效益的角度考察评价各方案，经济效益高的方案相对较优。再次，生态上的可行性。海洋开发既要兼顾经济利益，又要兼顾生态利益。“生态效益”是指通过海洋资源的开发，使海洋生态环境得到改善的效果。最后，组织实施的可行性。主要从管理体制、运行机制是否有利于规划方案的实施、各种调控资金投入的可能性、部门和公众代表对规划方案接受的程度、实施规划的措施是否切实可行等方面进行考察评价。

任何一个规划方案同时达到上述 4 个方面的最优几乎是不可能的，这就需要进行综合评价，选择综合效果最优、某一方面可能次优的满意方案作为最终方案。这个比较和选择的过程可能是一个各有关方面谈判妥协和讨价还价的复杂政治过程，但也需要借助一些科学的评价决策方法。

②方案选择方法

在城市规划设计中，有许多方法可供参考，但从逻辑性的角度出发，主要有两类：筛选法和归并法。筛选法是将备选方案的各个方面进行对比，根据选择标准优胜劣汰，从而确定出一个合格的或者最优的方案，并将不合格的方案剔除出去。该筛选方式可分为直接优选和间接优选两种。直接优选就是按照择优准则，直接筛选出符合条件的方案；间接选优指的是当合格方案难以确定的时候，就会一步一步淘汰不合格的方案，最终间接地找到合格方案。归并法指的是当被选择的方案中没有一个符合标准，而不符合标准的方案又各有其优点的时候，可以将每个被选择的方案的优点融合在一起，从而构成一个新的合格方案。另外，还可以把多个备选方案的优点合并到一个备选方案中，把这个备选方案变成一个新的备选方案。

在进行选择的时候，要对各种可选方案进行全面的评估，并进行比较和优选，选择出效益好、最有可能实现的方案，将其列为规划方案，将其余的方案当作应急调整方案，以备在执行过程中遇到特殊情况时可以执行。在确定了规划方案后，应组织相关部门对其进行论证与协调。在所有备选方案中，依据可行性论证、效益评估结果，选出最优的一种，作为推荐方案报给《城市规划》编制领导小组进行讨论。

③方案论证程序

在实施过程中，规划的论证主要有两个环节：一是做好规划与规划的衔接。按照上下结合、互相协调的原则，着重做好与相关部门的协调；做好规划与社会经济发展规划和环境规划的配合；二是既要与上下两个层面的海洋规划沟通，又要加大专家咨询力度，让市民积极参与。在计划制定的各个阶段，适时地召开相关的专家咨询会议，使计划得到持续的论证，向大众征集关于这个计划的建议。在规划编制过程中，要加强规划编制过程中的决策咨询、民主决策、公众参与，提高规划编制的可行性和可操作性。

（7）规划审批

经优选后的计划方案，未必马上就能付诸实施，还需经法定程序确认，获得合法身份，才能对各种海洋开发和使用行为产生普遍的约束作用。所以，在编制城市规划时，必须首先对城市规划进行审批，并以此为先决条件。

为确保规划成果的质量，应在编制完毕后，由上级政府或其主管部门组成的规划成果评审小组对其进行评审。规划结果审查委员会应当对被审查的规划结果做出总结，通过的应当为“合格”。当计划结果为不符合要求或部分不符合要求时，评审组应及时做出更正、修正或补充评论。

海洋规划审批指的是海洋规划成果的确认阶段，依照法定权限，将其逐级呈报给有权批准的人民政府进行审批。按照规划的共同特征，资料收集、现状评价、发展预测和评价决策是规划的四项核心工作，海洋规划亦不例外，它们贯穿海洋规划全过程。实现海洋规划编制过程中客观的现状评价、可靠的目标预测、适宜的空间区划和合理的行为决策都离不开科学的方法。尽管海洋规划层次复杂、内容纷繁、类型众多，其编制技术方法却可从中进行一般化提炼，形成较为完整和清晰的结构体系。本小节从海洋规划编制的过程和特征分析入手，在构建海洋规划编制方法体系的基础上，借鉴陆域相关规划技术方法逐一分析其基本思路、实施步骤、适用特点，并分别按性质和类型分析其对海洋规划的适用性与可行性，由此得出适用于海洋规划一般过程的方法集和分类过程的推荐方法（图2-2）。

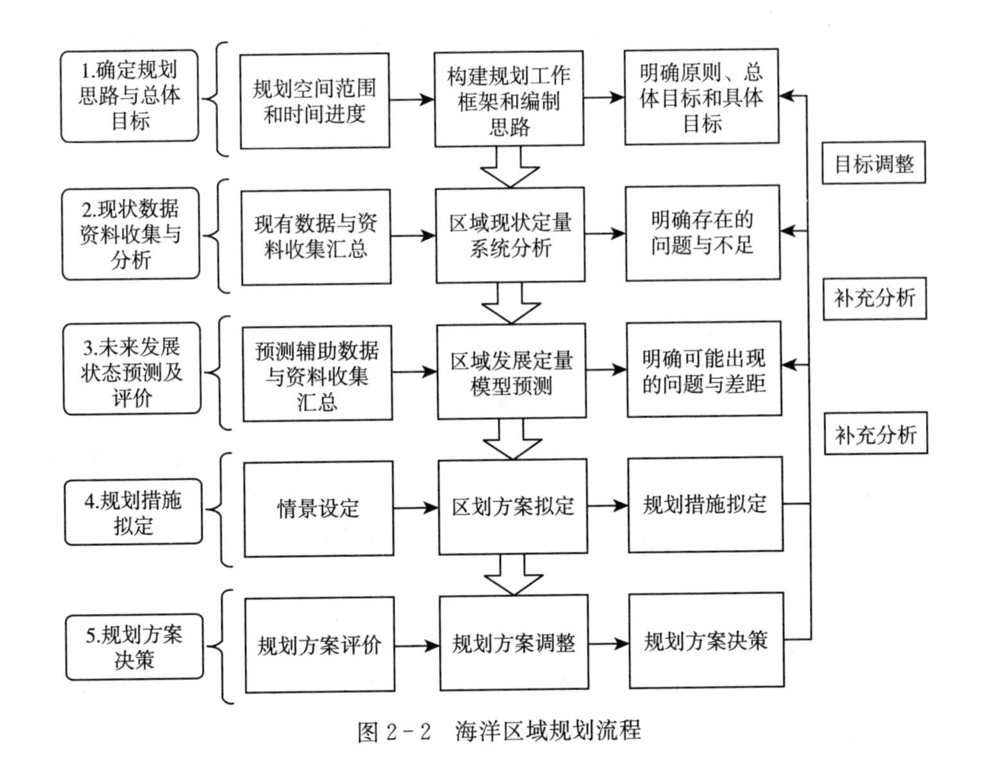

图 2－2　海洋区域规划流程

三、海洋区域规划的方法

(1) 海洋主体功能区

中国目前的海陆统筹（LSC）实践主要服务于功能区的划分，各功能区开发活动由“详细规划＋规划许可证”和“限制性指标＋分区准入规则”控制，由省级自然资源部门确定限制性指标的门槛，并分配给市县两级。海洋区域规划应该基于生态环境的资源禀赋特征与规划主体的地形来进行，把规划分为四个部分，保护区、地形、生态以及开发现状。从空间上可分为生态区域、渔业区域与开发区域。其中生态区域可分为以保护为主体和以修复整治为主体；渔业区域可分为以养殖为主体和以捕捞为主体；开发区域可分为以港口、旅游、矿产、能源等为主体，以及如果在近期阶段不是很明确，可以作为保留区进行保留（图 2－3）。

主体功能区规划是一个区域规划的基本定位，确定是以保护为主体还是以开发为主体，最终形成的是海洋区域的用途规划，或者可称为海洋区域规划。对于一个规划主体来说，主要通过主体功能区规划来确定区域用途中保护和开发的比例关系，由此传导到下一个层次，指导海洋区域规划。在海洋区域规划中，首先对海洋生态区域进行识别，然后根据资源环境承载力和海洋资源开发适宜性评价区分渔业区域和开发区域，之后再逐级划分，这其实就是原先海洋功能区划的作用。但是与过去不同的是，过去开发区域中工业城镇开发的部分，现在应放到陆域国土区域规划中进行。在这个整体框架中可再进一步做港口规划、旅游规划等行业规划。

主体功能区的规划除应当遵照海陆统筹的目的与任务之外，还应做到：①注重调整国家能源结构与海洋能源开发进程，坚持海洋油气资源“储近用远”，鼓励海上风电深水远岸布局，严格控制岸线、滩涂的海上风电建设规模；加快海洋渔业、海洋船舶工业等传统产业改造升级，有序有度开展近海养殖，积极推行生态养殖与海洋牧场深远海布局，发展远洋深水捕捞。②统筹陆海交通基础设施建设。以临港/临海产业为抓手加快海岸带产业结构升级步伐，发挥港口血脉通道与辐射带动作用，加强港口资源空间整合与基础设施建设，合理明确沿海港口的定位、布局、分工，统筹规划海岸带港、航、路系统，重点推进深水航道、深水码头和专业化泊位建设，港铁联动提升港口集疏运能。

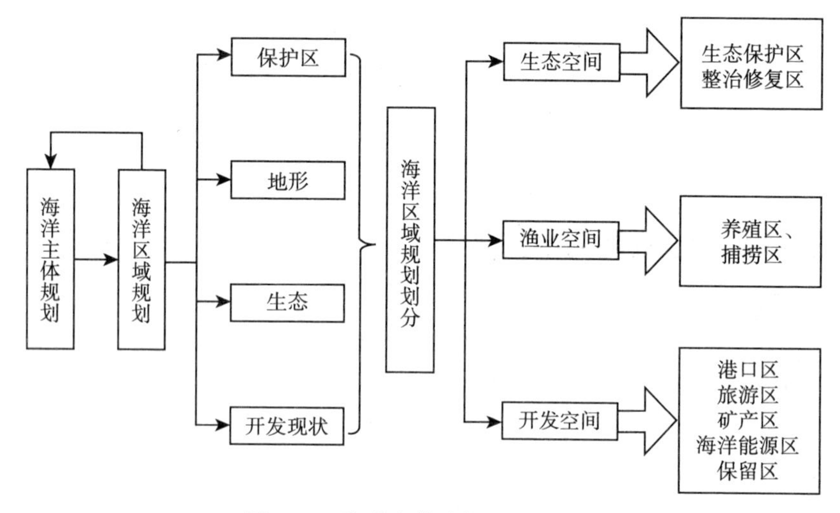

图 2-3　海洋主体功能区划分方法

(2) 空间决策支持工具

空间决策支持工具（SDSTs）提供了支持协作和利益相关者参与决策的手段，包括与海洋区域规划相关的过程，因此它们具有促进知识共同生产的潜力。SDSTs 整合了数据库管理、地理空间分析、视觉传达、利益相关者互动和专业知识。在 SDSTs 中使用地图可以提供“对地理现象及其相互依存关系的共同理解”，成功的空间工具应用可以提供科学的方法来分析海洋区域规划中的问题，并从不同的时空角度呈现这些问题，从而提高海洋区域规划过程的透明度。人是 SDSTs 成功的必要组成部分，因为此类工具的开发受益于用户输入、用户意见和用户反馈，但是当 SDSTs 帮助利益相关者理解、产生和共同创造基于科学的结果并参与协作过程时，SDSTs 对人们也非常有益。SDSTs 的科学、透明、可视化和整体方法可以使利益攸关方能够参与海洋区域规划，并能包容和接纳各利益相关方的意见和建议。

地理信息系统（GIS）在非技术利益相关者要求的工具设计简单性方面存在问题，非技术利益相关者通常缺乏资金等资源来支付工具，并且缺乏学习专业知识的时间，无法应用先进科学模型以更好地了解生态系统和气候变化相关问题。这反映了这样一个事实，即 SDSTs 往往不适用于实际的海洋区域规划。利益相关者/最终用户调查倾向于评估 SDSTs 对海洋区域规划的重要性，SD-STs 在实际的海洋区域规划过程中并不经常使用，而是更常用于与实际海洋区域规划过程分开的研究项目实验和研讨会。但是在最近，专业人员开发了一个框架来比较和评估针对海洋区域规划的六种业务决策支持工具，这表明缺乏通用术语，也缺乏关于人类活动与自然之间相互关系的大规模证据。虽然支持小组工作的软件在其他领域（例如 Google Docs）已广受欢迎，但“背后的软件”GIS 仍然由桌面系统主导，桌面系统通常比协作决策所需的系统复杂得多。海洋区域规划需要具有易于访问界面的交互式交流、开源交流、在线 SDSTs，从而包括更多利益相关者，但是在线工具需要“运行良好的互联网连接和计算能力”。为了包括非专家用户，通常需要包括海洋区域规划中的更多利益相关者和工具，空间决策支持工具的设计需要简单易懂。

除此之外，海洋区域规划的实施需要一定的经费和技术支持，市场机制可以为此提供支持。例如，各类公私合作投资模式、技术创新支持，还可以用财力支持技术等。需要在海洋区域规划的制定和实施中创造市场价值，使得各方可以通过自身的投入和参与获得经济效益，由此就能够形成一个整体的海洋区域规划体系。

(3) 累积效应评估

累积效应评估（CEA）是海洋生态系统研究的重要方法，被视为有效海洋区域规划的关键促成因素之一。CEA 可以通过绘制人类压力图并评估其对生态系统组成部分的影响强度，为基于生态系统的管理提供信息，以确定哪些领域受影响最大和最小，哪些活动对这些影响负责，可以帮助从业者确定管理优先事项，方法是以空间明确的方式权衡生态系统的脆弱性与暴露不同人类活动的情况。累积影响评估仍然是为数不多的综合工具之一，可以量化人类如何影响自然系统，以及针对特定压力源的行动如何有望改变整体影响。

同时，面临气候快速变化的影响，为了确保大规模海洋可再生能源开发（MRED）与自然保护义务的兼容性以及对可持续能源生产系统的需要，必须仔细规划预期的 MRED，以避免不可接受的环境危害水平。因此，需要评估累积效应。根据战略环境评估和海洋战略框架指令（MSFD），海洋可再生能源开发和自然保护这两个领域应该更紧密地结合在一起。Declerck 等人提出了一个政策框架，将生态系统和气候变化指标作为 CEA 的基线，以确定压力路径和关键组成部分。

（4）海洋跨区域规划管理机构

Albotoush 等人通过改进的德尔菲法和软系统方法（SSM）收集专业意见后得出，全球一致认为需要确定一个能够有效和公平地领导整个海洋区域规划进程的行政机构，同时注意不要忽视任何一个部门的需求。

管理机构必须具有与对应方和邻国在国家和国际上兼容的特定特征、技能和标准操作程序（SOP），以便有效和高效地规划、实施和监测海洋空间规划倡议，构建有凝聚力和可持续的方式，满足所有用户和决策者的需求，由于公众对新决策接受程度通常都是循序渐进、由浅入深的，机构实施新想法的步骤可以从接受的角度按以下顺序组织：首先引入新的总体想法，其次是目标人群的接受，最后是执行想法的细节。

经过研究，海事局（MSA）是管理海洋区域最合适的机构，因为它们最了解海上通道的交通、捕鱼、海洋环境保护［国际防止船舶造成污染公约（MARPOL）和可持续发展目标］、铺设在海床上的电缆和管道以及海上的可再生能源基础设施，同时在其规划和发展的各个阶段，上述内容须提交给有关国家进行评估。MSA 和国际海事组织（IMO）办公室的官员具有长期的海员经验，这足以使他们能够理解与海洋有关的所有事项的基本知识。因此，MSA 和 IMO 最适合管理海洋区域。

然而，正如 Diz 等人建议的那样，将海洋空间规划和实施责任移交给 MSA 评估可能需要一个过渡阶段，他引入了过渡管理，该过渡管理基于需要变革的假设，并侧重于如何抑制或促进变革，而不是其起点是什么以及它是否以理想的状态结束。除了反思海洋治理安排外，从他人的经验中学习有利和限制条件，在国家和地区层面与所有利益攸关方产生共识并分享信息，以及优化海洋空间规划的条款以根据情况需要制定共同的区域立场，对于引入变革也至关重要。

第四节　海洋区域规划的主要类型

一、按自然资源和社会经济条件划分的区划类型

根据自然资源条件和社会经济条件的特点，海洋区域规划可对一国管辖的海域进行划分，以形成不同的海洋区域规划的类型。中国已先后建立了包括海洋功能区划、海洋经济区划、海洋行政区划、海洋自然区划等多种形式的海洋

区划类型，在推动海洋资源合理使用与有效保护等方面起到了积极作用。

(1) 海洋功能区划

海洋功能区划是根据海洋利用、保护和管理的需要，对海洋进行分类，把海洋分成各种功能各异的区域，在海洋区域规划中，这是最核心，也是最重要的一部分。所有对海域进行开发的审批，都要依据海洋的功能分区。目前，我国的海洋功能分区主要分为四个层次，即国家、省、市、县级，其中，省级为核心控制部分。由国务院核准国家以及省级的海洋功能分区，市级和县级经省政府批准。海洋功能区划就是按照海洋发展的不同类别，将海洋分为不同的功能区进行管理，并明确各分区的主要功能。在明确主导功能的同时，给出了在功能区中海域管理方面的控制措施和海洋环境保护等方面的控制要求。

海洋功能区划以自然属性为前提，但同时还要兼顾社会经济这一必备条件。同一海洋空间内将有多重开发需求，海洋功能区划的终极目标就是实现海洋综合效应的最优，即基于资源禀赋条件的评定和社会经济发展的协调。海洋功能区划划定的是海洋的基本功能，分为 8 个一级类海洋基本功能区以及 22 个二级类海洋基本功能区（表 2－1），省级的功能区划只划到一级类，市、县级会在这个框架下细化到二级类。划定的流程比较复杂，要考虑六个因素，包括自然条件、开发利用现状、需求评价、环境保护、渔业用海底线、围填海上限等。可以看出，海洋功能分区体系呈现出不断优化的趋势，体现了对当时经济社会技术发展水平和需求的积极响应，同时也体现了分区思路的灵活调整。随着我国社会经济建设的迅猛发展以及沿海开发强度的逐渐加大，海洋功能区划分也需要随之变化，并在此基础上进行相应的制度安排。通过开展海洋功能区划工作，地方海洋管理部门统筹各产业用海，核准用海项目等工作，为沿海地区经济社会快速健康发展提供所需资源与空间支撑。通过设定定量化环保目标、确定各功能区环境质量要求和建立相关保障措施等诸多举措，加大海洋生态环境保护工作力度，有效遏制了海域使用的无偿、无序、无度现象，坚决扭转了海洋环境污染的趋势。

表 2－1　现行海洋功能区划分区体系

一级类海洋基本功能区		二级类海洋基本功能区	
代码	名称	代码	名称
1	农渔业区	1.1	农业围垦区
		1.2	渔业基础设施区
		1.3	养殖区
		1.4	增殖区

（续）

一级类海洋基本功能区		二级类海洋基本功能区	
代码	名称	代码	名称
1	农渔业区	1.5	捕捞区
		1.6	重要渔业品种养护区
2	港口航运区	2.1	港口区
		2.2	航道区
		2.3	锚地区
3	工业与城镇建设区	3.1	工业建设区
		3.2	城镇建设区
4	矿产与能源区	4.1	油气区
		4.2	固体矿产区
		4.3	盐田区
		4.4	可再生能源区
5	旅游娱乐区	5.1	风景旅游区
		5.2	文体娱乐区
6	海洋保护区	6.1	海洋自然保护区
		6.2	海洋特别保护区
7	特殊利用区	7.1	军事区
		7.2	其他特殊利用区
8	保留区	8.1	保留区

（2）海洋经济区划

海洋经济区域是指按照海洋活动特点和海域自然条件将海洋划分成若干个区域，以推动海洋资源的开发、利用和管理为目标。海洋经济区划是我国社会主义市场经济条件下进行区域资源配置、调整产业结构、促进产业结构调整优化的一种有效手段，是一项复杂而重要的系统工程。其将海洋视为一个错综复杂的生态、社会和经济地（海）域系统，以市场为导向，以资源为支撑，以经济发展为核心，以地（海）域经济为基本构成要素。我国在对区域海洋的开发现状和存在的问题进行深入分析后，提出了海洋经济区域规划的基本原则，并建立了一套完整的海洋经济区划指标体系，成功实现了海洋经济区域规划和分区发展战略的编制。

在此基础上，结合沿海地区资源生态环境、海洋经济开发强度、沿海社会发展水平、沿海地区居民生活水平以及海洋开发潜力等，提出了沿海地区海洋经济区划。海洋经济区划作为国家对海洋权益进行管理和保护的重要依据之一，是实现海洋强国目标不可或缺的组成部分。以经济发展战略为视角，将我国的海洋区域划分为三个主要的海洋经济区域，即北部、东部和南部，旨在统筹海洋发展布局、规范海洋经济开发行为，从而构建海陆和谐蓝色家园。海洋经济区划这一基础工作需要立法的保障。从海洋经济区划的标准来看，有意义的海洋经济区划涉及海区、海岸、海洋重点开发、沿海开放、法定海洋地位和海洋行政诸多领域。本辖区内的海洋资源开发利用事宜，由该级别政府在国家层面的管辖范围内负责，并承担相应的法律责任。海洋经济区域的经济活动呈现出共性和发展规律，从而塑造了多种不同类型的海洋经济，展现出了其独有的特征。开展海洋区域规划不仅是国家对海洋经济秩序进行宏观调控、调节人工用海行为的策略，而且是合理组织海洋生产力、完善社会化生产模式和提高海洋资源利用效率、加强海洋生态环境保护的客观需要，有利于协调沿海地区的社会、经济、资源与环境的关系和促进海洋可持续发展。

(3）海洋行政区划

为满足我国海洋行政管理的要求，将海洋区域按照行政层级进行划分，形成了海洋行政区划。它是由一定数量具有相同或相近自然属性的行政区域组成的一种空间地域结构形式，其基本职能在于维护和发展海洋资源，保护海洋环境以及实施海上交通等活动。我国的海洋资源归属于国家，由国家进行集中统一的管理。然而，在实际情形中，相邻海域的管理也由各级地方政府负责，因此形成了海洋行政管理的范畴。根据行政区划可以将海域管辖分为省级、市级和县级。

(4）海洋自然区划

海洋自然区划是按照海洋区域内所处的天然地理位置差异，将整个海洋分为不同的海区。我国沿海地区则根据传统习惯将我国海洋分成渤海、黄海、东海和南海四大海域。关于中国海区的界线问题，目前学术界还存在着不同看法，苏联倾向将中国海区划分为“东中国海”和“南中国海”，前者为渤海、黄海和东海，后者即南海。在一些来自日本和西方的海洋学者的论述中，“东中国海”通常指的是东海这片海域。

海洋区划虽然类型各异，但关联密切。以海洋自然区划为基础，海洋经济区划为目标，海洋功能区划为手段，其他海洋区划为辅助、补充。海洋自然区划是建立在科学研究基础上的，海洋经济区划旨在实现可持续发展，海洋功能区划就是达到此目的的一个重要手段，海洋功能区划作为连接海洋自然区划和海洋经济区划的纽带和桥梁，为我们提供了更为丰富的信息。随着我国海洋经济快速发展和对海洋资源开发利用力度的不断加大，迫切需要制定一部科学合理的海洋经济区划，为国家宏观管理提供科学依据。在进行海洋区域规划类型的划分时，必须认识到海洋功能区划和海洋经济区划的重要性，这两个区域的划分对于海洋的可持续发展至关重要，不容忽视。

二、按区域范围划分的规划类型

我国拥有 18 000 千米的大陆海岸线。本文从国家、省（直辖市）、地级（市）、地（区）四个层次建立一套多层次、多尺度的海洋区域一体化规划框架（图 2-4），对缓解当前海洋区域资源配置矛盾、维护生态平衡、促进可持续发展有重要作用。

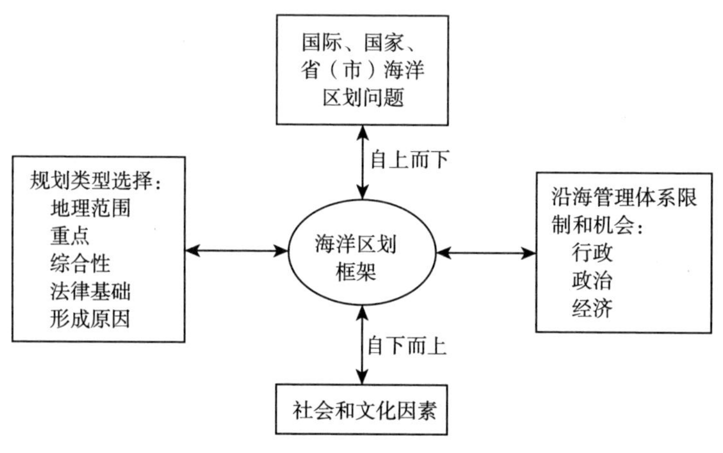

图 2-4　海洋区划框架

在不同层次上，规划的数量级应有所区别，依据海域的资源状况和社会经济状况，可以对海洋进行分区，将同一国家所管辖的海域分为不同的区域。全国可编制海洋国家规划 1 项，编制省（市）级规划 11 项，编制地级市规划 52 项，县（区）级地方规划 150 项左右。沿海海域的规划问题敏感度、复杂程度高，涉及各个类型的发展规划，从国家层面到地方层面都有涉及。

国家级纵向层次的海洋区域规划类型：①国家级海洋空间规划是对全国海洋空间做出的战略性、全局性、基础性、约束性安排，是全国海洋空间保护、开发、利用、修复的基本依据，是编制地方各级海洋空间规划及专项规划、开展海域使用管理及海洋生态环境保护等海洋管理工作的根本依据，属于战略性规划。②省级海洋空间规划是沿海各省（自治区、直辖市）对本省（自治区、直辖市）管理的海洋空间做出的全局性、基础性、约束性安排，是本省（自治区、直辖市）海洋空间保护、开发、利用、修复的总体纲领，是编制市级、县级海洋空间规划及其他专项规划，开展海域使用管理及海洋生态环境保护等海洋管理工作的基本依据，属于纲领性规划。③市级海洋空间规划是沿海地级市根据国家级和省级海洋空间规划对本市管理的海洋空间做出的约束性和系统性具体安排，是编制县级海洋空间规划及专项规划，开展海域使用管理及海洋生态环境保护等海洋管理工作的基础依据，属于实施性规划。④县级海洋空间规划是沿海县（市、区）根据上级海洋空间规划对本县（市、区）管理的海洋空间做出的详细部署和具体安排，是本县（市、区）开展海域使用管理、海洋生态环境保护等海洋管理工作的基础依据，也是海洋空间规划体系中最基础的层级，属于操作性规划。

目前，沿海地区的海洋区划主要从国家和省域的宏观层面来制定和把控，而对市县和地区一级的局部海洋区划工作开展进度较为缓慢。由于在沿海区划调研中，经费和人力的限制不可避免，因此必须对不同地域范围的规划进行最优的融合，以达到最佳效果。在一个五年计划期间，逐步实施这样一套沿海管理规划系统是一项相当烦琐复杂的任务。为了保证该方法能够被应用到实际工作中去，需要建立一套科学的评估指标体系来帮助决策者选择合适的方案。在特定层次的规划中，实施可能是最为有效的方案。不同级别的规划在解决问题时，关注的核心问题是不同的，而规划范围是地图作为规划的一部分而定义的一个地理覆盖面。

第三章　国外海洋区域规划的经验及借鉴

经过多年的实践，国外在海洋区域规划方面逐步形成其独特的管理范式，取得了丰富的研究成果和成功经验。目前，我国的海洋区域规划正处于高速发展阶段，因此，对国外的海洋区域规划进行深入的研究，并从中归纳出特征和成功的经验，对推动我国海洋规划的科学发展是非常有价值的。鉴于此，我们选取日本、欧洲、美国、新加坡、大洋洲五个国家及地区，对其海洋区域规划实践的基本概况、发展历程、实现方式、典型案例等内容进行系统梳理，并对其海洋区域规划实践经验进行总结，以期为我国的海洋区域规划的发展提供参考借鉴。

第一节　日本的海洋区域规划

一、基本概况

海洋区域规划的编制，对保证海洋开发活动的有序、合理进行，推动海洋经济、海洋事业的持续健康发展，推动国民经济与社会发展的大局具有十分重要的意义。日本陆地面积狭小，发展海洋对于日本的社会发展有着举足轻重的作用。从 20 世纪 60 年代以来，日本一直非常重视海洋资源的开发，并制订了一系列的海洋计划，是世界上较早制订海洋计划的国家之一。

日本位于亚欧大陆的东部，四面环海。作为群岛国家的日本，虽然陆地资源稀缺，但是拥有天然的海洋地理优势，海岸线总长约为 3.39 万千米。日本优越的海洋区位优势为其提升经济发展水平、提高综合生产力提供了有利条件，也逐渐形成了一套具有本国特色的海洋规划制度。规划的针对性强、目标明确、可操作性强、直接利益和间接利益均很显著，主要是中、短期的规划，切实可行；规划的范围广、内容多，涵盖了总体规划、产业规划和各类专题规划。在以上规划基础上，对海洋进行开发，发展海洋高新技术，充分发挥海洋资源价值。

二、体系模式

海洋空间规划分为两种，即单一体系和并行体系，协调方式比较成熟，单一体系是在一个层次上通常只有一种空间规划来引领整个区域的空间发展策略，欧美国家是单一体系的典型代表，而日本则是并行体系的主要代表，即国土规划和国土利用规划并行，日本的空间规划体系制度主要分为法律框架、编制内容和行政责任三个层面。在法律框架方面，日本的空间规划体系具有较好的法律基础，法律框架完善，在对土地的开发管理和城市的建设发展方面，各级政府都是遵照法律规定而非行政命令进行的。在编制内容方面，国土利用规划是开发和控制国家土地空间的过程，涵盖经济、土地利用和土地投资等因素，是国家土地政策的驱动力，从国土利用规划设计到土地利用计划和指南的编制是对特定类型国土利用的规划。在行政责任方面，权力和责任是明确的，主要是通过国土规划、财政投入、立法保障等方面来实现中央对地方的规划干预和管控。

总的来说，日本的空间规划体系是一个平行规划体系，规划既有侧重，权力和责任清晰，又有法律框架做支撑。具体而言，在海洋空间规划层面，日本的海洋空间规划以产业为主导，以建立高层海洋政策协调机制为基础，并有统一的海上执法队伍。

三、实现过程

（一）海洋科技支撑

日本四面环海，高度重视海洋科技的发展，尤其致力于深海科技研究，多项技术保持世界领先水平，通过建立先进的海洋科技体系，培育了以海洋生物资源开发、海上运输和海洋工程为基础的现代蓝色经济。日本积极参与深海钻探计划、大洋钻探计划和综合大洋钻探计划等国际计划，钻探技术和装备水平位居世界前列，自主研制的 10 种自主式潜水器，最大作业水深达 7 000 米，遥控潜水器最大作业水深达 11 000 米。

近年来，日本在海洋高新技术研发方面取得了很大进展，形成了自己的特色和优势。2011 年 4 月启动海底资源研究项目，主要由日本海洋科技中心为主实施调查研究。2011 年 10 月，东京大学海洋研究所领导了一项基于复合沿海生态系统变化机制的生物资源恢复、保护和可持续利用的研究，目的是在日本温带和亚寒带沿海地区的水域建立基于河口、海滩、珊瑚礁和海草床等单个生态系统的复合生态系统。

（二）海洋经济带动

海洋区域规划必须坚持以经济联系为主导，一定的海洋区域内经济发展的条件具有一定的类似性，经济发展的方向基本一致，经济联合合理而又密切。日本作为海洋经济发展的先行者，推行进取性的海洋经济战略，在海洋经济发展领域积累了经验，为中国拓展蓝色经济空间、发展海洋经济、实现海洋大国向海洋强国转变提供了较好参考。日本政府主要从两方面采取措施以促进海洋经济的发展，一方面是对传统的海洋产业进行升级并加固经营基础，另一方面是培养新兴海洋产业以及挖掘传统海洋产业的新领域。其中，对于新兴海洋产业的培育是日本政府施政的重点。日本海洋产业的创新及振兴主要体现在新兴海洋产业的培育，比如利用先进技术对海洋石油、天然气、海洋可再生资源、海底矿物资源等海洋资源进行开发，为海洋产业带来新的活力，以及海洋休闲旅游产业中对海外游客入境游的促进、生态旅游的开展等。

（三）利益者相关整合

相关者的参与程度是海洋空间规划成功的一个重要因素，特别是考虑到在海上监测计划遵守情况的困难。在编制海洋区域规划的过程中，会征求各级政府和相关部门以及公众的意见，政府会将通过的规划向公众公布和传播，使各级政府和公众都了解规划的目的，使规划的实施成为公众的自觉行动。利益相关者的参与方式和持续时间都至关重要，各利益相关者应该得到适当的与海洋区划有关的信息，这样才能使各方都发挥最大的作用并使效率最大化。2012年日本日生町小镇海草床的恢复活动成功开展，充分印证了利益相关者整合在海洋区域规划中的重要性，日生町渔协、县政府、法人里海建设研究会以及冈山生活协会四方签订协议，另外鼓励学生和渔民共同参与到治理活动中来，共同合作播种海草种子，开展海草床的恢复活动，在各方努力下，2015年恢复了当地海域的海草资源。

四、代表成果

（一）濑户内海的海洋区域规划

为了充分利用濑户内海沿岸的历史条件和自然资源，加强濑户内各地区的一体化，通过对海洋的利用促进地域发展，进一步振兴和发展濑户内海地区，濑户内海创办了濑户内海之路网络推进协议会。截至2019年5月，濑户内海沿岸共有107个市、町、村和11个府、县，加上地方的9个机关，共127个会员。协议会员共同就濑户内海沿岸地区的发展展开各种各样的交流、合作活动。协议会的活动重点主要有三方面：首先是在高速海上交通时代进行“海上航路的构筑”以及与地震、海啸相对应的防灾网络的构建。其次是濑户内海的环境保护，比如失去的海滩的再生，以及由于灾害、荒废而导致的荒山的修复等。最后是濑户内海的景观、历史、文化、饮食、街道等魅力的传播。

濑户内海还下设“魅力检讨活动”“环境事业活动”“信息发布活动”“防灾活动”四大部门，各部门均设立了执行委员会，各部门各司其职，每年还会举办相关活动。魅力检讨委员会的主要功能在于传达濑户内海的魅力，通过会员间的交流、合作的推进加深地域间的横向联系，利用这种地域间联系构建灾害时的防灾网络，并促进濑户内海之路的利用和振兴。环境事业委员会主要负责组织开展保护和营造濑户内海的自然环境的相关活动，以及推行利用当地自然环境展开的地域主题活动等。该委员会于1993年发起的“更新濑户内”活动，是自发的海岸清洁和垃圾清理活动，截至2019年已经举办了27次，累计约有204万名志愿者参加，回收垃圾约19 100吨，对濑户内地区的环境改善作出了贡献。信息发布委员会主要负责濑户内海滨海旅游宣传。该委员会为了进一步振兴濑户内海邮轮，以将濑户内海打造为与世界闻名的“爱琴海”“加勒比海”等同样具有品牌影响力的邮轮之海为目标，2018年在“濑户内海之路网络推进协议会”下设置了“濑户内海邮轮推进会议”，并于2019年制订了“濑户内海邮轮推进行动计划”。濑户内海区域的开发利用有效利用地区资源，振兴了海洋旅游，增加游客数量，促进富有吸引力的各岛屿形成网络，促进周游型和旅居型旅游的发展，提高濑户内海区域的经济活力。防灾活动委员会主要负责海洋灾害的应急活动，提供各种灾情预报。消防人员、警察和自卫队组成的救援队可应当地政府的要求，立即投入紧急救援活动。同时每年举行防灾演习，促使人们提前采取措施，在灾害来临前有备无患。

同时，为了更加有效地治理濑户内海的环境污染问题，日本政府还针对性制定了《濑户内海环境保护特别措施法》。其重要原因是濑户内海是一个风景优美的海域，但海岸线的海洋废弃物很多，而这些废弃物大都来自陆地，造成海域以及各地海岸设施的严重污染。Fujieda指出，在濑户内海，垃圾流量为219吨/年，59吨/年的垃圾从河中取出，160吨/年的垃圾通过河流排放到大阪湾。此外，Fujieda使用快速评估调查了大阪市商业和港口地区的垃圾分布情况，并发现虽然密度低于河流和海岸，但垃圾散布在更广泛的区域，特别是在港口地区和道路，而不是住宅和商业地区。因此，必须要采取切实可行的措施，配套相应的环境保护制度，研究更加有效的社会教育，防止濑户内海区域环境进一步恶化。《濑户内海环境保护特别措施法》的颁布使极度污染的濑户内海海域情况有所好转。

（二）北海道的海洋区域规划

日本周围海域的海洋生物生产力很高，被誉为世界三大渔场之一，尤其是北海道沿岸海域，不仅产量高，而且鱼贝类品种繁多，是海洋生物资源的重要海域。作为世界食物资源，海洋生物资源占有特别重要的地位。从整个国际环境看，今后这一资源的位置也会越来越重要。随着发展中国家人口的不断增加，全球海洋生物资源的供求矛盾将更加突出。因此，应采取有效措施，以确保未来该资源的稳定供给。海洋生物资源是可再生资源，只要妥善管理是用之不竭的。目前，已经在北海道周围海域开创了“资源管理型渔业”和“栽培渔业”。为了扩大海洋生物资源，应积极开发有关资源，提高管理技术，加强渔场以及配套设施的建设。积极推进渔港、渔场等的整治。在以公海为主的海域，积极与有关国家合作，加强海洋生物资源的保护、管理和利用。在海洋生物资源利用方面，除传统的利用方式外，近年来，又进行了一些有益于人体健康的食品加工利用，为提高水产品的附加值和海洋生物特殊代谢功能、活性物质等，以及作为工业、医药原料等进行了许多新的尝试。

在建造渔场方面，目前已进行有关沿岸渔场的整治，将继续进行以固定海洋动植物和广泛移动的海洋动物为对象的增殖渔场调查；为完善渔场配套设施，培育海洋动植物及增加生产力而进行调查；开展大规模泥沙区域的调查；养殖场建造的调查；沿岸渔场保全的调查以及沿岸渔场的综合整治开发的基础调查；开发和改进建造新渔场技术的调查。此外，在新技术开发方面，为促进200海里栽培渔业为中心的渔业开发，应该继续引进新技术，以及制定更有效的评价标准。开发大深水域的渔场，大力发展深远海渔业，作为沿岸渔场配套开发的一环。继续建造渔礁、养殖场，保护沿岸渔场，引进有效利用近海海域的系统装置。在海面养殖业方面，继续采取降低成本、开发饲料、保护环境、减轻劳动强度等综合措施，开发培育新品种，继续进行生产鲑、鳟鱼类等优质资源的技术开发。

日本因为经常受海啸、风暴潮、大浪的袭击，所以特别重视海岸带保护设施的建设。日本北海道南部海域为地震、海啸多发区，因此，该地区的海岸保护设施也在逐年加固，海洋灾害时的情报联络、避难体制也在不断加强。特别是海岸带地区水土流失对于海岸地形的改变问题，都采取了实时监测的方法，与此同时，充分利用港湾、渔港的疏浚物对海岸设施进行整治。

（三）东京湾的海洋区域规划

东京湾地区是世界上最发达的沿海地区之一。大约有3 100万人生活在它的集水区，日本1/4的工业生产来自周边的县，其中沿海地区的发展最密集。但是，来自家庭和工业废水的过剩营养物质导致了严重的富营养化，红潮、缺氧水上涌和鱼类死亡现象严重，渔获量一直在持续下降。因此，日本实施了使用总负荷控制的密集水质管理，使水质可以持续得到改善，并重视东京湾的环境问题，确认公众参与科学对海湾恢复的重要性。作为繁华的大都市圈沿岸，要加强对东京湾的综合利用和保护调查，在完善公园、绿地、人工海滨建设的同时，继续完善国民的文化交流设施。为了推进与环境共存的港湾的形成以及净化海域环境，发展海域环境的创造事业。为了提高空间利用率，发展临海地区的土地利用、海岸重建、公路修建等，建设高质量的产业利用空间场所。为储藏能源而加强临海地区的土地建设和港湾有关设施的建设。为促进海上娱乐的普及，完善海滨娱乐区的综合设施以及海洋娱乐都市、国营公园等，充分利用海滨，在沼泽地带的海滩区，继续修建大规模、综合利用型的人工海滩。继续完善东京国际机场海上建设的已有的各种设施，加紧对护岸工程的建设。关于废弃物的处理，应以陆地处理、消化和再利用为前提，为了更好地开发利用和保护港湾，使其更具有合理性，必须考虑到海洋环境的保护和保全。继续进行废弃物海面处理场的建设和以“不死鸟”计划为基础的广大海域处理场的建设。另外，还要继续推进把首都圈建设产生的废土用于全国港湾的填海造地事业。

五、评价及借鉴

首先，在组织机构方面，日本在制定相关法律法规的基础上，在行政方面也采取了积极的措施，日本在设置综合海洋政策本部以后非常注重政府调控、产业规划先行。其次，在海洋环境方面，日本提出保护海洋环境的综合规划，针对陆域污染减排、海域环境改善和海域环境监测都做出了相应对策。在海洋区域高度开发利用、海洋压力增大的背景下，可以借鉴日本海洋环境保护的法律和政策，同时呼吁社会各阶层人士，激发海洋保护意识，促进主动性保护措施开展；针对沿海地区需要进行高密度海洋空间利用的大都市圈，可以效仿东京湾的做法，立足于综合的、长期的和广域的视角，严格按照法律规定，确保沿海海域的海上安全，促进海水交换的自然净化功能，保护良好的水质和景观，在推进海洋空间利用的同时，还要注意自然环境的保护和营造、国土的保护和地震海啸灾害的预防。此外，在开发近海资源时很容易形成自然垄断，导致市场失灵和资源配置效率低下，所以需要政府对市场进行干预，发挥政府与市场的双重作用。最后，日本在海洋科技方面取得的成绩有目共睹，日本高度重视将技术作为海洋区域规划的先导，在海洋观测、海底勘测、潜水器、海洋环境大数据等方面有着丰富的经验，对于科技成果的转化也非常重视，创建了“技术转移机构”，在专利申请和转移方面有着的严格规定。

第二节　欧洲的海洋区域规划

一、基本概况

海洋区域规划正在成为沿海国家减少用户与用户冲突、用户与环境冲突，实现蓝色增长和海洋可持续发展的流行工具。随着联合国“海洋十年”的启动和对实现可持续发展目标的追求，欧洲各国都纷纷探索实施海洋区域规划的最佳实践。海洋是一个超越行政边界的复杂生态系统，加之人类活动也具有跨界层面且往往跨越国界，海洋区域规划可为平衡人类活动的竞争和实现海洋资源的可持续利用提供框架。欧洲是一个拥有许多半岛和岛屿的大陆，与几个海盆相交，由于其独特的地理位置，海洋区域规划在此受到更多的关注。

二、发展历程

海洋区域规划作为欧盟海洋决策的工具，自 2007 年以来一直被视为促进海洋可持续发展和海洋环境恢复的有效方法。其产生和发展实际上主要基于当前的区域合作结构，例如波罗的海海洋环境保护委员会（赫尔辛基委员会，HELCOM）公布的《保护波罗的海地区海洋环境公约》（亦称《赫尔辛基公约》）。2000 年初，欧盟委员会发起了一场关于以协调方式跨海盆地制定综合海事战略和政策的辩论，建议对欧洲海洋治理采取一体化治理的方法。欧盟委员会于 2006 年通过了关于未来海事政策的绿皮书，并于 2007 年通过了促进综合海事政策的蓝皮书，将海洋区域规划作为海洋区域和沿海地区可持续发展的基本要求。2008 年的海洋战略框架指令（MSFD）中强调了海洋区域规划的关键原则。2014 年，欧洲建立了海洋区域规划框架的指令，即海洋区域规划指令，促进了成员国与第三国在相关海洋区域的跨国合作。

此外，自 1980 年以来，欧盟一直坚持以多学科方式支持沿海和海洋研究，自 2000 年以来，至少资助了 26 个海洋区域规划项目。欧共体援助机制，即欧洲海洋区域规划平台为海洋区域规划方面的知识和信息共享提供了宝贵的资源，用于在欧洲进行海洋设施建设和研究海洋区域规划，迄今为止已经进行了 170 多个项目，为及时跟踪海洋区域规划进展以及海洋区域规划在欧洲的未来发展作出了巨大贡献，同时也为欧洲以外的其他地区提供了参考。据欧洲海洋区域规划项目分布（表 3－1）可以看出，跨海盆地和波罗的海的海洋区域规划项目占比最多，地中海的海洋区域规划项目数量也远远多于大西洋、北海和黑海。

表 3－1　海洋区域规划项目在欧洲的分布

数量	国家
23～31	挪威、罗马尼亚、保加利亚、立陶宛、比利时
32～36	卢森堡、爱沙尼亚、拉脱维亚
37～42	希腊、克罗地亚、芬兰
43～53	英国、波兰
54～69	西班牙、法国、德国、意大利、瑞典、圣马力诺

数据来源：作者根据中国海洋发展研究中心官网资料及各国海洋空间规划相关资料总结。

三、构成部分

（一）目标

在海洋区域规划制定的早期阶段明确目标至关重要，因为其余的过程均取决于目标的明确性。概念目标通常是基于其部门在正式任务或政策中确定的，为的是能够在利益相关者参与过程中科学顾问的帮助下逐步提高规划的可操作性。同时，海洋区域规划过程必须设定法律上可行、社会上可接受的目标，使目标具有可操作性，这也是海洋区域规划过程的关键部分。海洋区域规划早期的目标侧重于解决海洋保护区和其他保护区的用户-环境冲突，近期的计划目标逐渐转变为缓解因竞争性利用海洋空间而造成的用户-用户冲突。在选择纳入规划过程的部门数量时也应慎重决定，通过关注更有限的活动和目标来减少规划的时间和成本，为更全面的未来规划工作奠定基础，也有助于规划工作能够更好地取得成果和解决冲突。

（二）范围

国家规划工作以及决策的空间尺度是有等级的，最大比例是国家规划框架，通常包括多个生态系统，因此执行工作往往比整个计划所涵盖的范围更大。海岸线较长的司法管辖区将其规划和实施区域划分为次区域，由于规划区域较大可能导致生态系统和决策规模不匹配，而不匹配是否会导致规划效率低下则取决于制定和实施计划时使用的工具和流程，参考西欧以往的海洋区域规划结果可以看出，大多数已完成的计划都集中在比生态系统规模小的地区，几乎没有迹象表明将重点放在次区域内会限制生态考虑。事实上，对许多沿海和近岸系统而言，社会经济和生态模式在次区域一级具有一致性，将规划单位缩小到更小范围的次区域在社会经济、政治和生态方面都是有意义的。同样，将规划工作理解为大区域背景下的一部分也是具有价值的，但这种更大的背景并不一定是功能规划规模，如果这些目标不能利用现有资源或数据加以处理和实现，那么要求规划一开始就广泛和全面反而可能适得其反。

（三）权限

空间规划的法律基础往往取决于国际协议和国家政府推动的较大计划。英国海事管理机构划分了 11 个海洋规划区，分别进行地区级的海洋规划。由于英国东部近海规划区与荷兰、法国和比利时有共同的边界，这些规划区在司法权的协商上有法律层面的诉求，并且生产者组织和法律顾问对规划带来的约束和影响不熟悉，因此，首批综合性海洋规划的制定极具挑战性，海洋规划的执行流程也需不断进行调整。比利时的圣基茨和尼维斯两项计划，由于没有立法及其他授权导致迟迟未得以实施。政府授权已成为执行海洋区域规划的必要条件，自上而下的授权可以提供合法性、权威和财政激励。

（四）数据

数据被认为对海洋区域规划工作的稳健性和可信性至关重要，数据汇编对科学家、决策者和其他利益相关者来说都是精准推进海洋区域规划进程的必要性工作。如果进程进入决策阶段，而有关数据没有纳入进程，对规划进程发展方向不满意的利益集团可以有选择地只提出适合其偏好的补充信息。虽然数据通常被认为是不完整的，但规划工作并不会因缺乏数据而延迟，例如设得兰群岛计划是在没有密集数据收集阶段的情况下制定的，数据收集可能需要大量时间和资源，这可能会限制可用于海洋区域规划其他重要方面的时间。此外，缺乏数据可能被剥夺规划权利的利益攸关者认为其没有充分考虑到相关信息。新数据可以与计划制订同时收集，并纳入后续的计划修订中。

（五）参与者

政府领导对于实施海洋区域规划至关重要。由科学家领导的规划工作，例如比利时海洋空间规划的第一阶段可以取得更快的进展，但在某些时候必须有政府的支持，否则将无法实施工作。利益相关者的参与对于后续进程中接受计划非常重要。除政府领导外，利益相关者的参与同样被认为是海洋区域规划取得成功的关键，这取决于不同国家公众参与决策的文化和政治规范。利益相关者的参与需要时间和资源，虽然能够更有效地纳入利益相关者的意见，但同时也会付出巨大的经济代价。

（六）决策支持工具

大多数现有的海洋区域规划会使用某种形式的工具来保障规划的进程。使用决策分析的价值在于规划工具可以为决策者提供一套高度结构化的信息以协助决策和分析。迄今为止，在海洋区域规划工作中很少使用全面的权衡分析，然而许多决策支持工具有助于通过优化方法分析生态结果和不同空间安排的潜在权衡，而其他工具则不根据某些目标选择最佳分配，允许用户设计自己的计划并根据选定的指标进行评估。这些方法可以捕捉时间和空间复杂性的特征，因此它们可以提供有关系统对生态系统条件变化反应的信息，但往往缺乏进行成本效益分析所必需的经济行为变化的能力。如果使用得当，工具可以提高透明度，因为它们需要明确正在考虑的数据、目标和问题。交互式决策支持软件可以捕获、共享和比较许多人对规划方案的想法，帮助人们了解不同管理制度和环境条件对现实世界的影响，并揭示管理方案之间的权衡。

（七）监控和绩效措施

海洋区域规划是否成功的最终标准是海洋区域规划是否改善了生态、社会和经济成果，法律采用的规划结构的存在有助于为海洋开发商和海洋资源使用者提供投资确定性。一些涉及开发用途的计划旨在减少冲突和缩短许可时间，这些好处在计划实施前后相对容易衡量。同样，应确定、监测和定期评价跟踪治理成本的指标，海洋区域规划的成功与否应根据基线来衡量，即其实现预定业务目标的能力。持续的监测计划将这些指标结果纳入基于规则的管理响应，这种闭环反馈系统在森林和渔业管理中很常见。许多海洋区域规划包含被动适应性管理的要素，但尚未在监测和决策之间提供业务反馈，也没有结构化的决策规则，如果有一个合理的程序来修订空间决策以应对新的信息，则利益相关者的支持可能会增加。

四、数据工具

（一）Mytilus

Mytilus 由奥尔堡大学规划系开发，旨在提供一套丰富的工具，满足易用性、高分析能力和高性能计算等标准。Mytilus 是一个免费的开源独立桌面应用程序，不依赖于其他软件或许可证，而是使用与 ArcGIS 和 QGIS 相同的数据模型，即 shapefile 和 ESRI ASCII 网格。Mytilus 工具箱的开发始于 INTERREG 北海项目 North SEE，并在 BONUS BASMATI（2020）项目下作为连接到波罗的海探索者平台（www. balticexplorer. eu）的工具进一步开发。虽然 Mytilus 是通用的，可以应用于任何地理海域，但它目前仅在波罗的海和北海分别与 BONUS BASMATI 和 North SEE 项目一起使用。

（二）Tools4

Tools4 海洋区域规划建模框架是基于自由和开源软件（FOSS）的开源软件。Tools4 海洋区域规划旨在通过地理空间功能支持面向海洋空间的分析，例如亚得里亚海-爱奥尼亚宏观区域的 CEA 和海洋使用冲突分析。用户可通过两种模式访问该工具：独立的 geo python 库和 Tools4 海洋区域规划地理平台。DST 海洋参数测量仪自 2014 年以来一直在国家和欧盟范围内的项目集群中开发，例如亚得里亚海和爱奥尼亚海海洋区域规划（ADRIPLAN，2015 年）和海洋环境可持续管理工具和数据的地理门户（PORTODIMARE，2020 年）。

（三）Symphony

Symphony 是瑞典在海洋区域规划中开发的一种工具，用于评估不同规划方案的累积环境影响，它还充当着海洋生态系统海洋区域规划相关数据图书馆的角色。它的发展始于 2016 年，并于 2018 年首次应用于海洋规划。Symphony 是瑞典海洋和水管理局的成果，自 2019 年以来这些数据一直公开。在对计划进行战略环境评估期间，Symphony 已被用于评估累积环境影响，并确定采取预防措施的适当区域，现如今还被用于瑞典海洋管理的其他领域，并作为多边合作项目的重要组成部分。

（四）波罗的海影响指数

波罗的海影响指数（BDI）是波罗的海海洋环境保护委员会（HELCOM）制定的评估波罗的海累积影响的方法，通过运行 BDI 分析最新的地理空间数据。除了 BDI 分析产生的输出地图图层外，还有一个交互式在线累积影响评估工具。通过使用HELCOM的官方数据、外部数据集，对选定的数据组合或敏感性评分进行有针对性的分析。BDI的输入空间数据被处理为1千米的栅格网格，并应用于HELCOM的常规数据收集框架或国家主管当局的数据调用。输入数据集有质量保证，并得到HELCOM缔约方的普遍接受，并在波罗的海国家进行的环境评估期间定期更新；该工具还支持识别绿色基础设施特征以及评估对这些特征的累积影响。

（五）海洋区域规划挑战模拟平台

海洋区域规划挑战模拟平台是一个多用户数字平台，专为海洋区域规划的利益相关者参与和培训而设计。交互式界面使用户能够协作开发规划方案，通过将真实的地理数据与基于科学的航运、能源和生态模拟模型相结合，模拟了计划的短期和长期影响及其相互作用。该软件由布雷达应用科技大学与几个海洋区域规划利益相关者合作开发，并通过North SEE、Baltic Lines等项目提供资金。

（六）Plan Wise4 Blue

Plan Wise4 Blue是在爱沙尼亚国家海洋区域规划编制期间开发的基于网络的应用程序，用于改善决策。它结合了海洋经济模型和累积影响评估，这种组合模型使人们能够评估各种管理方案的经济效益及其对爱沙尼亚海域的环境影响。该模型的成果使得有可能努力寻求可持续的解决方案，以最大限度地利用海洋资源获得经济效益，同时尽量减少对环境的破坏。累积影响模型的目的是确定各种人类压力，并解释它们对自然环境的累积影响，同时考虑自然的区域差异。开发这一工具是为了协助海洋区域规划，但也适用于其他领域，如环境保护和沿海管理。

五、代表成果

（一）比利时

比利时是全球2003—2004年首批在其领海和专属经济区实施多用途海洋区域规划的国家之一。比利时领海及专属经济区3 454千米^2，其海岸线只有66.5千米长（数据来源：外交部官网比利时国家概况），尽管面积不大，比利时海洋和沿海地区却是世界上使用最密集的海洋区域之一。GAUFRE项目（2003—2005）及其由此产生的报告便是处理北海比利时区域（BPNS）高使用率的首次尝试。该项目由根特大学的一个跨学科团队组成，信息基线尽可能以科学为基础，逐渐扩大到纳入地面空间规划领域的专业专家，GIS地图上空间科学数据的整理和解释性地图的使用为该项目提供了坚实的起点。GAUFRE项目概述了一种创新和全面的方法来开发替代空间海洋使用情景，并将其定义为“根据一套核心目标及关于未来的假设预测未来利用海洋空间的愿景”。通过开发替代空间情景，海洋区域的未来可能性和条件能够被清晰地可视化，并以此作为比利时政府海洋事务决策的基础。该项目十分注重方法开发和项目结果的明确沟通，对随后欧洲乃至全球海洋区域规划项目和计划产生了重大的影响。

比利时最初规划时使用分区为特定的海洋用途分配海洋空间。到第二规划阶段时，明确了海洋保护区的地点，且该计划只允许在固定的区域内进行经济活动并实时接受监测和评估。环境总局海洋环境处根据《保护海洋环境和比利时管辖海域海洋区域规划组织法》的新授权牵头制定了新计划，修订后的规划规定了比利时领海和专属经济区管理的原则、目标和长期规划及空间政策选择，包括涉及海洋保护区和人类用途管理的管理行动、指标和目标，如商业捕鱼、近海水产养殖、近海可再生能源、航运、疏浚、沙子和砾石开采、管道和电缆、军事活动、旅游和娱乐以及科学研究等。该计划将每六年审查一次，并具有法律约束力。近年来，比利时的海洋区域规划已经从主要基于其部门利益且没有法律授权的简单分区计划演变为一个连续的、综合的、适应性强的、多用途的海洋区域规划进程。

（二）荷兰

荷兰本土面积 41 528 千米^2，海岸线长 1 075 千米（数据来源：外交部官网荷兰国家概况）。2005 年，荷兰空间规划和环境部首次在其国家空间规划政策文件中发布了关于北海的海洋章节。荷兰的海洋区域规划政策旨在防止碎片化和促进空间的有效利用，同时为私人当事方提供在北海制定自己倡议的空间，这一总体目标在 2005—2015 年的《北海综合管理计划》（IMPNS）中得到了更详细的阐述，该计划提出海洋空间规划发展战略，划定具有特殊生态意义的海洋区域，建设“健康海洋、安全海洋、效益海洋”。荷兰政府采用了海洋区域规划方法，仅在必要时定义使用区域，例如航线、军事演习和具有生态价值的区域，这种办法给予私营部门相当大的自由，使他们有在某些限制范围内制定倡议的自由，空间规划被认为是促进可持续利用的一种手段，同时为私营部门的举措提供了尽可能大的空间。在荷兰，海洋区域规划每六年修订一次。2009 年荷兰制定了一项更具战略性和前瞻性的计划——《北海政策文件》，该政策文件现在是《国家水规划》（NWP）的一个重要组成部分，详细阐释并证实了有关荷兰利用北海的政策选择及其在国家海洋计划中的实施。

（三）德国

德国领海的海洋规划已经由三个沿海州（联邦州）制定和批准，使德国成为欧盟中仅有的几个有权在州的层面以综合方式解决沿海-海洋相互作用管理问题的国家之一。2005 年梅克伦堡-前波莫瑞州通过的海洋发展计划将范围扩展到更大的领海，这也是欧洲第一个政府批准的海洋区域规划。在 2013—2015 年，该计划进行了更新并于 2016 年成为具有法律约束力的法案；2005—

2009 年，德国联邦海事和水文局为德国在北海和波罗的海的专属经济区起草了多用途海洋区域规划。德国的海洋区域规划以《联邦空间秩序规划法》为基础，并逐步扩展到专属经济区。此外，德国的计划是能够监管和执行的，如北海联邦计划于 2009 年生效，波罗的海联邦计划于 2017 年 5 月生效，这两个计划均在实施五年后再次进行了修订以适应当下海洋区域规划的需求。

（四）挪威

2002 年向挪威议会提交的一份政策文件《保护海洋财富》中指出，沿海和海洋区域使用的预期增加将使各种用户利益和环境考虑难以取得平衡，因此，海洋区域使用空间管理将非常重要。该政策文件指出，有区别和可持续的空间管理制度必须以对生态系统和不同使用形式的影响了解为基础，政府计划在挪威水域制定综合管理计划，为沿海和海洋地区的使用和保护创造明确的基本条件。该计划以可持续发展为中心原则，根据预防原则管理海洋区域，并在遵守自然可以容忍的限度的情况下执行。挪威面积为 38.5 万千米^2（数据来源：外交部官网挪威国家概况），主要分为三个空间管理区域：巴伦支海和罗弗敦群岛附近的海域、挪威海、北海和斯卡格拉克。2006 年，挪威发布《巴伦支海和罗弗敦群岛海域海洋环境综合管理计划》，该计划覆盖了挪威专属经济区基线以外的区域、海洋水域以及斯瓦尔巴群岛周围的渔业保护区，涉及挪威海洋水域的重要海洋经济部门，包括石油和天然气开发、渔业、海洋运输和海洋保护，是为数不多的将渔业管理行动与其他海洋部门相结合的国家海洋空间计划之一。但该计划仅从理论层面上指导挪威实施海洋空间规划，没有提供管理特定人类活动的细节。此后挪威对该计划进行了定期跟进和更新活动，并在原有数据、资料的基础上不断扩充，于 2011 年由政府发布了计划的更新版本——《巴伦支海-罗弗敦群岛地区海洋环境综合管理计划的首次更新》，2014 年，挪威对《巴伦支海和罗弗敦群岛海域海洋环境综合管理计划》进行了第二次更新，并于 2015 年发布了新的海洋空间规划白皮书。此外，挪威议会于 2009 年批准施行了《挪威海综合管理计划》，规划范围包括了斯匹次卑尔根群岛西侧的部分北极海域，旨在保护该海域生态环境，促进挪威社会经济发展。2017 年，挪威发布《挪威海综合管理计划》的更新版本，重点关注了海域内的海洋垃圾和微塑料的分布、影响和信息需求，提出了新的海域管理措施。

（五）英国

随着《联合国海洋法公约》的生效，英国也在不断完善海洋法律体系、深化国内海洋管理实践。2001 年英国成立了环境、食物与农村事务部（DEFRA），将政策和科学职能方面的利益集中到一个政府部门，以支持海洋保护、环境保护、渔业和沿海管理目标。在其首批政策声明之一“保护我们的海洋”中，

DEFRA 概述了对探索“空间规划对海洋环境的作用”的意向，于 2002 年资助了一个爱尔兰海洋试点项目以测试生态系统方法在区域海洋尺度上管理海洋环境的潜力，并制定沿海和海洋区域规划框架。最终报告的建议包括海洋区域规划应是英国的法定程序、海洋区域规划应在国家和区域范围内进行、海洋和沿海政策声明应确定国家海洋规划原则等。该报告提出海洋区域规划面临的最大挑战之一是如何让公众参与进来，以及如何确保相对较大的区域规划制定和监管机构对公众充分负责。英国没有使用现有权力来启动海洋规划，而是在 2009 年授权实施《海洋与海岸带准入法》。该法案建立了海洋管理组织（MMO）来负责英国领海的海洋区域规划，并被授权制定海洋规划的最终结构和具体内容。

此外，苏格兰政府在彭特兰湾和奥克尼水域完成了一项非法定的试点计划。该计划将加快海洋开发进程，并促进波浪和潮汐技术确定空间区域，在法定区域海洋规划之前该试点计划便制定了政策框架支持有关海洋利用和管理的可持续决策。2010 年的《苏格兰海洋法案》为苏格兰海洋管理开辟了一个新时代，2015 年发布的《国家海洋计划》（NMP）为苏格兰境内的规划建立了更广泛的背景，包括在制定地方和区域海洋计划时应考虑的因素。NMP 覆盖领海和专属经济区，迄今为止苏格兰已经建立了 12 个海洋区域，覆盖了延伸至 2 011 海里的海域。苏格兰海洋组织还开发了一个在线海洋规划数据门户——苏格兰海洋信息，以易于获取的形式向海洋利益相关者提供空间数据，以协助实施海洋区域规划。

六、总结评价

综上所述，可以看出欧洲在海洋区域规划方面经历了漫长的发展过程，同时也取得了一系列成就，有很多值得我国去学习的宝贵经验。首先，法律制度和政策的支持是海洋区域规划得以成功的重要因素，不论法律法规是缺失、不健全还是过多，都无法保障海洋区域规划的顺利实施。欧盟于 1996 年发起的一项海岸带综合管理示范项目的成员在总结多年经验时发现欧盟制定的有关海洋区域管理的方案与所在国的多样性法规存在冲突，结果导致执法部门权力分散交叉，海洋区域规划措施贯彻的效率非常低；英国在 20 世纪 90 年代初期否定依靠法规进行海岸带管理，而是偏向利益相关者之间的自愿合作，但在随后的十年里，却不得不对港口、渔业等部门实施法规管理以解决环境问题。其次，在海洋区域规划的全部过程中，公众和利益相关者的有效参与十分重要。在欧盟实施的沿海地区整合管理示范计划中，为了缓解利益冲突，欧盟通过协调和制定整体规划从而推动可持续的管理，其中强调了让各方参与的重要性，阐述了参与目的、参与方的选择标准、参与机制、参与中的困难等方面。爱尔兰西南海岸的居民以海洋渔业为主，为了多用途利用海域资源，积极发展滨海旅游业等新兴产业，当地居民广泛地参与到海洋决策的全过程，对合理评估海洋环境和科学制定海洋政策发挥了重要作用。最后，海洋区域规划工作必须要结合当下数字化管理的大趋势，加快建设信息管理平台，同时加强过程管理。监控、评估及适应性管理是充分利用海洋空间及资源的基本要素，而海洋区域规划应包括这些要素的发展状况。地理信息技术的应用为海洋资源的开发利用管理提供了新的工具，建立一个基于生态系统的综合管理和评估的空间信息平台，对欧洲制定科学合理的海洋政策和实施海洋管理活动发挥着关键作用。荷兰在海洋区域规划的过程中基于地理空间技术，通过数理模型构建了生态环境评价区，并利用大数据及互联网技术保障了对海洋区域的监测、评估及适应性管理，促进了该地区海域的可持续发展。

第三节　美国的海洋区域规划

一、基本概况

海洋区域规划是指一种综合规划方法，它综合考虑了海洋或沿海空间区域的所有自然资源、生态系统和人类用途，以确定最适合特定用途的区域，解决现有和未来用途之间的矛盾，并实现一系列生态、经济和社会目标。海洋区域规划在其发展初期就受到国际上的关注，美国的海岸线总长达 22 680 千米，其专属经济区内的海域总面积高达 1 135.1 万千米^2，超过美国 50 个州土地面积的总和（数据来源：外交部官网美国国家概况、张耀光《美国海洋经济地理》）。为实现国家海洋空间规划管理目标，美国在制定和实施海洋区域规划时以生态系统为基础，并充分考虑到不同地区在经济、环境和社会各方面的差异，以区域管理方式进行规划和实施。在符合大海洋生态系统（LME）尺度的前提下，对规划区域进行了细致的划分，这些层级共同构成了规划级别的体系。根据 2010 年美国《国家海洋政策》的规定，海洋空间规划是对海洋资源开发、保护和管理所作的计划和安排，由联邦政府制定海洋空间规划的分区目标，并协调各州的海洋空间需求和规划，整体推动区域发展，各州根据需求自行编制海洋空间规划。国家海洋委员会在每个规划区域设立相应的区域规划机构来策划海洋空间布局，各区域内的相关政府部门则对各自所属区域中的海洋空间规划进行监督，各政府部门之间通过信息交换、公众沟通和合作进行工作，以确保海洋空间规划的无缝实施。在某些情形下，某一特定区域内的所有政府官员皆为海洋空间事务的专业人士，美国与其他国家共享海洋边界的，这些地区的区域规划机构可纳入这些国家的代表或观察员，以实现全球海洋资源的共享和可持续利用。

二、发展历程

1966年刊登于 *The Professional Geographer* 中的相关文章的内容评述了1955年10月加利福尼亚州（以下简称加州）发布的研究报告，表明美国早在20世纪60年代便率先提出利用空间规划解决海洋和海岸带冲突问题的理念和方法。随着沿海地区城镇的蓬勃发展和人口的不断增长，20世纪60年代美国加州超过2/3的重要河口湿地遭受到破坏，这对当地的治理构成了严重的威胁。自1963年起，加州政府开始高度重视海洋与海岸带管理领域的海洋资源议题，其州规划办公室与加利福尼亚大学海洋资源研究所联手研究加州的长期发展与海洋资源利用的相互关系，并致力于建立全新的海洋资源管理机制。在1964年初，美国洛杉矶成功举办了“加利福尼亚与世界海洋”会议，决定成立一个代表小组，旨在促进政府、学术界和产业界之间的持续对话，以共同探索加州海洋资源管理的创新方法。1965年10月，加利福尼亚大学海洋资源研究所发布了一份名为《加利福尼亚与海洋利用——海洋资源规划研究》的研究报告。该报告将沿海水域和邻近的陆地区域视为一个复杂的社会-生态系统，彻底颠覆了传统的学科边界和既定的管辖范围，从而推动了“海岸带管理”这一政府和科学事业。这一成果也引起了国际组织以及其他国家和地区的关注，虽然当时只有极少数政策建议被采纳，但该报告所蕴含的科学理念逐渐得到学术界和管理界的认可，对当时的管理规范和理念进行了突破和颠覆，对美国海洋和海岸带政策的概念化产生了深远的影响。1969年美国发布《我们的国家和海洋—国家行动计划》，1999年制定国家海洋战略，并成立相关的国家咨询委员会，确立了海洋经济的管理和评估制度，为海洋经济的可持续发展奠定了坚实基础。2000年8月，美国颁布了《海洋法令》。该法案规定，联邦政府将为保护海洋资源、促进海洋开发提供必要的财政支持和技术支持，同时建立相应的组织机构，负责执行联邦海洋政策。在2004年，美国海洋政策委员会向国会呈交了一份名为《21世纪海洋蓝图》的海洋政策报告，对海洋管理政策进行了一次全面而深入的评估。同年12月17日，美国总统布什发布了一项行政命令，公布了《美国海洋行动计划》，旨在制定具体措施以贯彻《21世纪海洋蓝图》，并全面部署美国政府未来几年的海洋发展战略。

近50年来，其海洋政策的演进历程清晰地表明，政策的重心已经从积极推动资源的开发和利用转向以环境保护和可持续性为核心。2009年，美国发布《有效海岸带和海洋空间规划临时框架》，他们将沿海和海洋空间规划（CMSP）总结为社会的一个公共政策过程，以更好地确定海洋、海岸和五大湖如何可持续地使用和保护。2010年，美国《国家海洋政策》正式提出“海岸带和海洋空间规划”（统称“海洋空间规划”）。《国家海洋政策》提出对美国的沿海及海洋进行综合的空间规划管理，目的是通过一种广泛的、具有适应性和综合性的、以生态系统为基础的、透明的空间规划管理过程，确认不同形式或不同类型开发活动的最适宜开展的区域，提高多样化开发利用活动的兼容性，减少矛盾冲突，降低人类开发活动对海洋生态系统的负面影响，保护和保全海洋生态系统的服务功能和自然恢复力，实现经济、环境安全和社会目标。至此，美国开始了对沿海及海洋空间的规划管理工作。总的来看，美国的海洋空间规划体系构建在“国家海洋空间规划-地区海洋空间规划-州海洋空间规划”的框架下，形成了一个完整的控制体系。

三、数据工具

海洋空间规划的实践是通过不断积累高质量的空间数据而得以实现的。在这一进程中，需要使用一系列不同类型的软件来完成对海量空间数据库的处理。数据的管理和分析可以通过各种软件和其他工具来实现，这些工具可以帮助从业者创造出可替代的管理场景，从而更好地进行规划决策。海洋空间规划（MSP）并非一种简单的线性进展，而是一个具有多种反馈循环的动态过程，随着美国联邦和各州的规划管理机构逐渐重视海洋空间规划方法，全面审查数据要求和可用工具已成为至关重要的关键步骤：通过数据收集确定现有条件；使用空间生态建模、人文维度研究方法和累积影响评估分析现有条件；使用决策支持工具预测未来条件（图 3－1）。

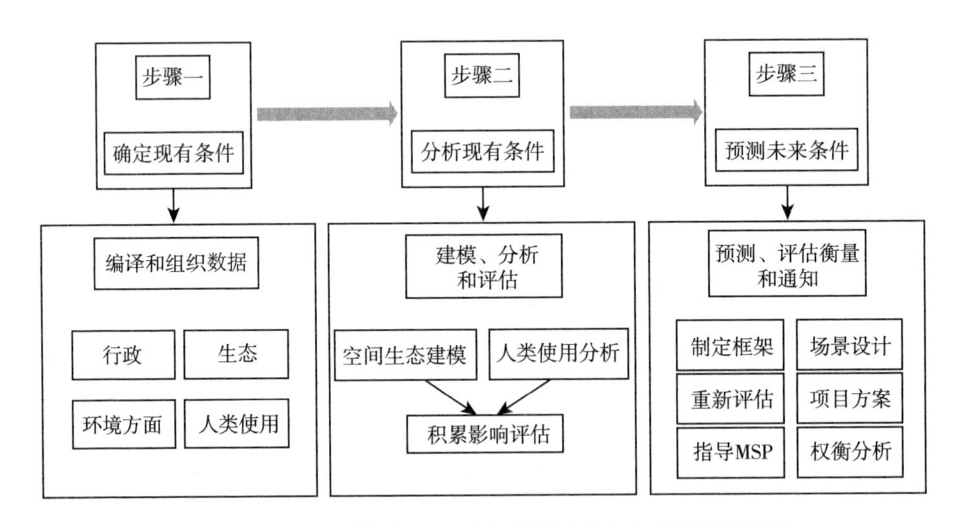

图 3－1 海洋区域规划过程中与数据和信息有关的关键步骤

从数据收集来看，在海洋空间规划领域，获取原始数据所需的工具和技术，以及对这些信息进行定义、管理和分析的工具，是不可或缺的。数据来源与海洋空间规划密切相关，其中包括科学文献、专家的科学意见或者建议、政府的政策文件、国际组织机构发布的信息和报告、当地所掌握的学识、其他一些相关的数据，资料等以及直接进行现场测量。在数据管理方面，Arc Marine等数据模型为MSP地理数据库的实现提供了基础模板，同时简化了数据提取、转换和加载的流程，利用空间数据基础设施（SDI）进行区域和国家层面的数据分析，以管理和提供与沿海和海洋空间规划相关的数据为目标。SDI的开发带来的益处在于优化了数据的访问体验，减少了数据收集和维护的烦琐过程，提高了数据的可用性，并增强了数据集之间的互通性。美国国家海洋和大气管理局（NOAA）沿海服务中心和多用途海洋地籍，是美国SDI在海洋空间规划方面的典型案例。在数据分析方面，美国研发了多种地理信息科学（GIS）领域的工具，这些工具构成了GIS的基石。空间生态建模是一种基于生物、生态和环境信息的综合分析方法，其目的在于对研究区域进行编译和汇总，以获取所有可用信息。为了更好地理解生态系统，对地理空间进行了一些基本分析。将人类使用数据作为海洋空间规划过程的一部分，标准化以后可以将其叠加到GIS中，以识别人类活动之间现有或潜在的冲突，之后将这些信息整合到人类使用地图中，以定位冲突地区并与其他空间属性进行累积影响评估比较。在决策支持系统方面，Marxan为全球最广泛使用的保护规划软件，该软件将一个区域内所有影响因素作为输入变量，以确定最优或次优的保护策略。首先，利用的模拟退火算法，以最小化储备系统的总成本为目标，同时实现一系列保护目标。其次，海洋生态系统服务与权衡综合评估模型（In VEST）的研制旨在绘制、量化并评价海洋所带来的可再生能源、海鲜供应、美学、娱乐、碳封存、水质及栖息地风险等生态系统产品及服务方面的变化，该工具通过分析海洋环境数据来确定各种环境指标的价值，从而对不同类型的生态系统管理进行排序，并在此基础上预测未来的发展趋势。珊瑚礁情景评估工具是一种基于生物物理学原理的模型，可为珊瑚礁管理决策提供必要的信息，在这个平台上，可以通过对生物多样性保护和管理措施进行模拟分析来制定有效的管理策略。此外，一些海洋空间规划正在使用基于地理信息系统的制图工具。

四、实现过程

（一）机构间和政府间整合

海洋空间规划整合性质横跨行政与地理边界，需要政府内部和政府机构之间合作。为了实现各级政府内部的横向跨管辖区和纵向整合规划的决策职能优化，政府内部必须展开协作，美国联邦海洋管理权被分散在至少20个联邦机构和 140 多个联邦法规中。由于联邦制的存在，海洋环境的管理变得分散，导致联邦和州政府不得不有效地共享沿海地区的治理资源，建立这种整合机制的可行方案包括成立咨询委员会或实施“嵌套机构安排”。此外，不同司法管辖区的行为者通过非正式的沟通和协作，超越了法律协议或监管程序，以管理海洋资源为目的，形成了一系列复杂的网络关系。通过对美国、比利时和挪威的 MSP 案例进行研究，发现这些国家的政府间协调水平相对较高，这在一定程度上归因于它们强大的中央集权政府。然而，在美国虽然总统表示支持，但由于缺乏对 MSP 的立法支持，联邦政府实体之间的整合仍然面临着一系列挑战。Smythe 对美国东北部地区的区域 MSP 工作进行了深入研究，揭示了联邦和州政府之间以及联邦机构之间紧密协作的证据，地方政府的参与度却几乎为零。

（二）利益者相关整合

学者们一致认为，海洋空间规划的核心在于利益相关者的参与，必须贯穿整个过程的各个阶段，从最初的目标设定到计划的通过和实施，需要同时确保地方政策和实施效果的公开性和合法性，从而得到公众的理解和支持。利益相关者整合是确保海洋空间规划进程和结果的合法性和透明度的一项重要措施，利益相关者的整合可以通过正式和非正式或自愿的方式进行，并且可以达到利益相关者不仅是单向沟通的接收者，而且是决策的积极参与者的水平。

在美国 MSP 中，积极促进利益相关者群体之间以及利益相关者和管理者之间的整合，可以推动参与者之间建立新的关系和广泛的共识领域。通过对美国罗得岛州和马萨诸塞州的渔业利益相关者参与海洋空间规划进行深入研究，揭示了吸引渔民组织方面所面临的挑战，以及渔民期望与规划结果之间的协调性。虽然比利时和挪威的利益相关者在早期就广泛参与和接受了海洋空间规划，但在美国，他们却发现了尖锐的利益相关者分歧和反对意见，这使得他们在联邦级海洋空间规划中的参与度和透明度受到了限制。因此，他们强调“自下而上的流程”在促进利益相关者整合方面的优越性，这种流程在跨越垂直和水平尺度的整合方面具有极高的实用价值。再加上美国 MSP 中利益相关者的排斥和不参与现象出现，在考虑利益相关者的参与时，需要综合考虑多个因素，包括但不限于参与的对象、参与的时间和方式以及参与的潜在利益缺乏具体性等问题。有学者提出了一种利用利益相关者分析的方法，以识别和了解他们的利益和关注点，这是一种有效的手段。研究显示海洋空间规划需要广泛的利益相关者参与，包括那些不习惯参与规划的人，以及那些不属于“常规规划参与者”的人（例如，具有不同学科背景的人，参与海洋管理倡议的土地使用规划者）。

（三）部门一体化

海洋空间规划是一个多部门或“多范围”的过程，它强调了规划领域中全方位的资源与用途，部门整合涵盖了跨部门政策和计划的整合，以及整合方向和阶段，同时也包括公共、私营和志愿部门活动的整合。在海洋空间规划文献中，这种整合形式通常与机构间和政府间一体化共同探讨，单一部门的管理方式导致了体制安排的演变，通过这些安排，不同的机构或管辖区可以有效地管理不同的部门。在实践中，这意味着将各种政府机构和利益相关者聚集在一起，这些机构和利益相关者习惯于在各自的管辖区或兴趣领域工作，以便更好地协同合作。将不同的利益相关者群体汇聚在一起，实现部门一体化，每个群体都对以往通过不同机构和进程管理的具体资源或用途表现出独特的兴趣和关注。部门整合是一种横向整合的形式，它的实现需要每个部门都以公正、公平的方式对待，利益相关者也谋求和重视同其他部门开展讨论的机会。

（四）知识整合

MSP 融合了多个学科领域和不同认知方式，形成了一种综合性的认知模式。在海洋空间规划的背景下，学科整合可被视为知识的整合，因为它需要整合来自不同学科和不同来源的知识和信息，例如西方科学、利益攸关方知识和传统知识。MSP 的跨学科整合方式包括那些常常将科学与政策分离的方法。海洋空间规划的成功离不开来自非政府组织等利益相关者群体的跨部门知识和专业知识，这些知识可以为政府和咨询小组所产生的科学提供有力的补充。海洋空间规划进程既受益于规划领域的利益相关者知识，又有助于利益相关者对规划领域的认识。在海洋空间规划的成功案例中，科学家和利益相关者汇聚在一起，西方科学和传统知识被视为在规划过程中有同等重要的贡献。

五、代表成果

（一）华盛顿地区的海洋区域规划

2012—2017 年，美国华盛顿州对位于华盛顿的太平洋海岸进行了一项海洋空间规划，以确保该地区的海洋环境得到充分保护。该计划旨在为开发和利用深海资源提供一个机会，使人们能够获得更多的就业机会，并提高能源利用效率，从而降低温室气体排放水平。华盛顿州的倡议是由州立法机构于 1943 年颁布的 MSP 法律发起的，以应对海上可再生能源发展的前景以及利益相关者对美国国家海洋学计划（NOP）日益增长的兴趣。该法案还规定，如果政府没有批准或不同意开发项目，则由海洋部门制定一个详细计划。该规划旨在为各州政府提供一个框架，以确保他们能够管理其管辖海域内的各种开发项目，并保证这些开发项目不会对当地环境造成不利影响。华盛顿州的海洋空间规划目标涵盖了保护和维护现有的可持续利用资源、维护沿海海洋生态系统、维护海洋生态平衡，以及制定全面的决策过程。海洋空间发展战略将为该区域提供资金支持，并使其成为一个更加可持续发展的社区和环境管理组织。尽管规划者专注于探索可再生能源、水产养殖和其他活动等潜在的新用途，但目标和随附的文件表明，这一进程涵盖了所有相关资源和使用部门。

华盛顿州的沿海项目与其他机构协同合作，共同管理该地区的自然资源和鱼类、野生动物等领域。跨学科研究与其他研究方法相比，是一种更具优势的研究范式。州海洋核心小组是由拥有海洋、沿海资源管辖权的州机构、州长办公室所组成，并负责整合其他州海洋相关计划，为协调工作提供了一个场所，州政府也通过一系列政策来鼓励和促进各州开展沿海项目工作。华盛顿沿海海洋咨询委员会（WCMAC）是一个由州长领导的法律咨询机构，旨在为 MSP 倡议的利益相关者和机构代表提供一个主要的论坛，以促进他们的参与。该组织也负责向州政府报告海岸保护政策并监督执行。

（二）罗得岛海洋区域规划

在 2008—2010 年，美国罗得岛州（RI）实施了一项海洋空间规划，以响应州可再生能源的目标，并响应 RI 州长对海上风电场开发商的选择。海洋特别区域管理计划（Ocean SAMP）覆盖了近海区域，总面积达到了 1 467 英里^2（3 800 千米^2），其中包括 RI 水域至 3 海里（5.6 千米）和联邦水域离岸 27 英里（43.5 千米），而向海的边界则由可再生能源开发的预期海上界限所确定。该计划还将为州提供一个新的、统一的框架来支持可再生能源政策并促进州之间的合作。罗得岛 Ocean SAMP 规划者运用海洋空间规划技术，拟定了一项方案，旨在实现这些水域的海洋保护和可持续经济发展目标，同时简化可再生能源和其他未来项目的决策。该计划将以“生态优先”为原则，对所有涉及的资源进行评估、分类、评价和综合。SAMP 在开发过程中，建立了多种机制，以促进利益相关者的参与和组织间的协作，其中之一就是建立“生态社区”这一概念。罗得岛州成立了一个跨组织的管理团队，并召集了多个咨询委员会，其中包括法律、利益相关者、机构和联邦机构的委员会。该组织通过一系列的政策工具来协调不同利益集团之间的关系，并建立了一种有效的沟通渠道。为了推动利益相关者委员会的工作，计划负责人聘请了一位外部志愿者，他将担任该委员会的主持人，并成功招募了 50 个组织和公众参与其中。在这个过程中，他们建立起一套完整的培训体系，使利益相关者能够从各方面学习到知识。为了给每个计划主题领域（如渔业和海上运输）提供建议，他们成立了一个技术咨询委员会，该委员会由各自领域的科学家和利益相关者专家组成。该组织在为这些问题建立研究小组时采取了“开放式”方法，即从各个不同角度提出各种解决方案。该团队还促成了多次非正式会议，旨在促进海洋 SAMP 团队与利益相关方和专家之间的互动，其中包括与关键用户群体（如渔民、托运人和娱乐用户）进行有针对性的互动。这些活动为制定基于生态系统的海洋资源利用管理战略奠定基础。该过程引发了一项监管计划，同时也推动了州和联邦水域的政策和工具的制定和实施，这些项目旨在促进对海洋开发和利用活动的管理并提高公众参与程度。其中包括供海上风能使用的一个 13 英里^2（34 千米^2）的州水域可再生能源区（REZ），以及其他由于其生态、经济或社会重要性受到指定保护的区域和新的国家海上可再生能源许可程序。

（三）旧金山区域海洋规划

美洲杯作为帆船比赛中历史最悠久、竞争最激烈的一项，2013 年在旧金山市的旧金山湾举办。在繁忙的半封闭港口内进行的第 34 届比赛中，参赛船只的尺寸和速度均超越了以往的比赛，由于赛事期间有大量船舶来往于海陆之间，会产生巨大的压力。因此，这一事件为水道管理者和海湾用户带来了一系列潜在的挑战，其中包括需要定期穿越海湾的船只、渡轮和休闲船只，这些都是需要克服的难题。此外，由于海上事故导致大量船只被丢弃或抛锚，从而使赛事组织者面临巨大经济损失的威胁。为了迎接这些挑战，美国海岸警卫队（USCG）利用其现有的水道管理权限，组织了一个为期三年的空间规划过程（2011—2013 年），专注于规划和管理一个高度拥挤的 18.5 英里^2（47.9 千米^2）区域内的比赛，旨在最大限度降低对经济和自然环境的影响。美国海岸警卫队与其合作伙伴机构和利益相关者（包括海运业和娱乐用户）通力合作，对数据进行深入分析，收集各方意见，并运用当地专业知识，为 2012 年和 2013 年的比赛制定了两个独立的空间管理计划，覆盖多个不同的使用区域。海岸警卫队与旧金山湾区港口安全委员会（BASC）展开合作，以促进与利益相关者和当地专家的紧密合作，该委员会由来自政府、海事界和相关组织等领域的专业人士组成。BASC 是一个志愿参与的公共论坛，旨在提升海湾内的航行安全和船舶交通运营水平，涵盖商业航运、港口领航员、客运渡轮、港务局、娱乐用户、环保组织以及州和联邦政府机构的成员。在与 BASC 的合作中，海岸警卫队与对方建立了长期的合作伙伴关系，共同致力于保卫海岸线的安全和稳定，为保护海上交通安全作出贡献。此外，BASC 还与一个由政府机构组成的联合工作组以及其他相关部门之间开展广泛的交流，并与六个不同的用户群体（如港口引航员、渡轮船员等）召开了会议，倾听了小组独特的关注点，并与每个小组共同审查了最初的管理计划构想和拟议的使用范围。所有的公众都参加了该活动并且对有关信息进行了反馈。除了这些会议，海岸警卫队与 BASC 成员进行了一系列持续的非正式对话，以促进双方之间的沟通和协作。

六、评价及借鉴

首先，美国非常注重利益相关者对海洋区域规划的影响，例如 2013 年美国旧金山航道变更的实施，美国政府非常重视海运利益相关者与 NOAA 保护区的合作，采取多样化的措施以减轻船舶碰撞的影响，包括自愿申请减速等。在全球范围内，利益相关者的积极参与已经成为一种不可忽视的趋势，这一行动表明了国际社会对于利益相关者的日益重视。通过将公众参与引入海上运输活动中，提高人们对于环境保护的意识和态度，进而推动整个世界海洋区域规划可持续发展进程。其次，美国设立了 NOAA 作为唯一专注于深海探索的联邦机构，致力于探索海洋的奥秘，填补深海和海底领域的认知空白，为国家的长远利益提供不可或缺的深海数据和信息。NOAA 通过建设世界最大海洋监测体系，收集新的海洋生物多样性和海洋环境信息，并通过提出适当的保护措施来保障国家海洋区域。我国可以借鉴美国 NOAA 的海洋探索，获取海洋区域科学研究和发现所需的基础数据，包括对海洋环境的生物、化学、物理、地质和考古等方面的系统观察和记录，通过有效的数据管理实现发现和创新，为我国海洋区域规划和全球海洋治理提供重要的依据和支撑。

为进一步推进对我国海洋区划问题的善治，我们必须借鉴美国应用先进海洋区划方法的工具、技巧和策略经验，并主动进行国际合作，以促进我国海洋与蓝色经济的蓬勃发展，从而实现对我国海洋区划问题有关数据资料的集中统一领导管理，包括数据存储、统计分析、管理、过程监控和结果呈现等，为我国海洋重点功能区统一的信息管理方法提供科学基础，并推动基于海洋环境预报方法和海洋作业行动科学数据的分析工作的深入开展。通过开展海洋区域研究，不仅能够有效提高我国海域资源利用和开发能力，而且对于保障国家安全具有重要意义。此外，还可以将美国机构间和政府间整合、部门一体化和知识整合的理论和实践运用到国内海洋区域研究中，促进我国海洋区域研究水平的提升，同时也有助于推动我国海洋区域规划与全球海洋学的结合。

第四节　新加坡的海洋区域规划

一、基本情况

新加坡海洋区域规划以综合性、合作性和可持续发展为核心，致力于保护海洋生态、促进经济发展，并通过多功能利用和技术创新实现海洋资源的可持续利用。首先，新加坡海洋区域规划采用综合性的规划方法，将海洋生态、经济发展、社会需求等多个因素考虑在内。这种综合性规划的目的是平衡不同利益方的需求，实现可持续发展。规划过程中，政府部门、学术机构、业界代表等多个利益相关方共同参与，以确保规划的全面性和准确性。通过多层次合作，可以整合各方资源和知识，形成协同效应，推动海洋区域的整体规划和管理。其次，新加坡海洋区域规划注重生态保护，保护海洋生物多样性和生态系统的健康。规划中考虑生态系统的脆弱性和海洋环境的敏感性，以确保开发活动不对海洋生态造成严重影响。同时，规划也要促进可持续发展，平衡经济利益和环境保护的关系，确保海洋资源的可持续利用。此外，新加坡海洋区域规划倡导多功能利用原则，即将海洋资源合理利用于不同领域。海洋资源可以用于渔业、旅游、能源开发、海底资源开采等多个领域。通过有效规划，可以实现海洋资源的综合利用和最大化效益，提升海洋经济的可持续发展。最后，新加坡海洋区域规划积极采用技术创新和数字化手段，如人工智能、大数据分析等，提升规划决策的准确性和效率。这些技术工具有助于更好地理解海洋环境和资源，支持规划过程中的决策制定。

新加坡海洋区域规划的实现过程涉及多个关键步骤和实施策略（图 3－2）。一般性的实现过程：明确新加坡的边界及规划内容组成，明确规划的性质、特长和要求，明确规划的总目标。首先，明确问题是搞好规划的前提，因此需要与决策部门、实施部门多次“对话”，避免出现“货不对板”现象。规划的目的在于实施，避免规划与实施脱节，注意规划的实用性。其次，要设定评价指

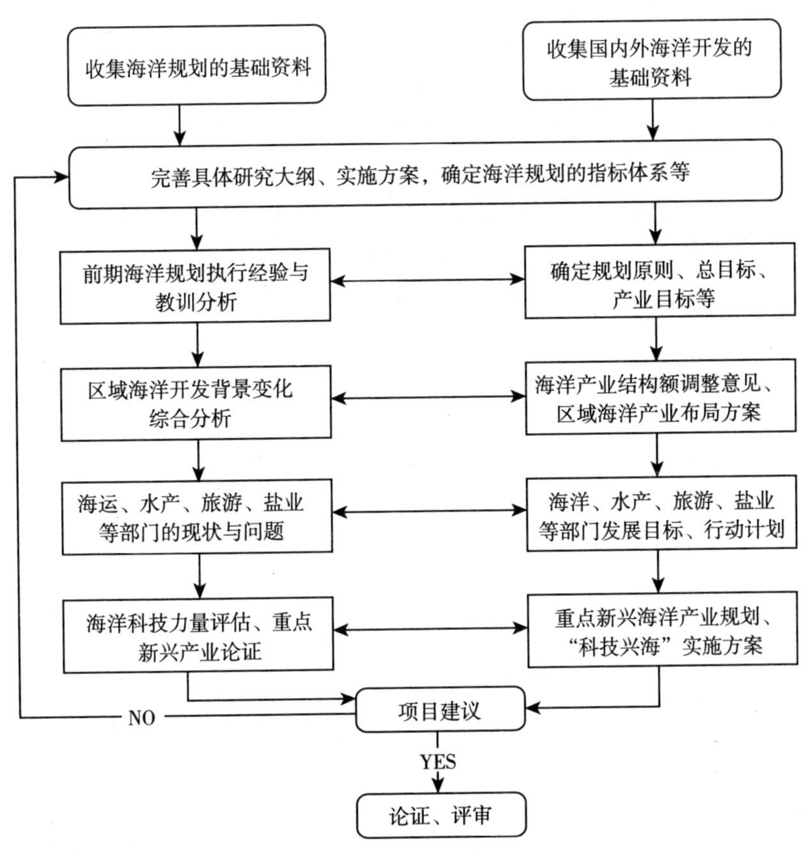

图 3－2　海洋开发规划总体思路

标体系。根据规划的性质、要求、目标，确定一系列评价海洋规划好坏的标准，如目标的先进性，实现目标的可行性，信息资料的真实性，方针、政策、措施的合理性，规划方案的自调节性和自适性等。具体指标的确定，可由专门的小组（如专家组）拟定草案，广泛征求主管部门和其他人员的意见，进行反复修改后确定。之后，要进行区域系统综合分析，即研究规划区内各组成要素之间的相互关系，研究区域与周围环境之间的联系。进行该步骤的目的在于确定区内资源和产业的优劣势，明确制约区域经济社会发展的障碍因素，从而制定有效改进措施。在进行了全面的系统分析之后，根据规划的性质要求可以制订各种可替代的规划方案。方案要具有层次性。在总目标、重要项目、系统投入和系统产出方面要进行合理布局，并阐明实现各个步骤所采取的基本方针。通过使用数学模型或专家打分的方式对项目进行综合评价，即从满意程度和实现的可能性两个方面出发，从中选择一个或两个经济上合算，技术上可行的方案作为规划方案。如达不到规划要求，则需要进行整改。根据上述优选结果将规划方案进行精简化汇报，使决策部门一目了然地了解规划的基本想法，使社会能够广泛接受。规划目标的确定既不要空喊口号，又不要忽视实际，应符合长远性原则、效益性原则、求实性原则和目的性原则。最后，根据实际需要和可能，并考虑到人力、财力、物力和时间的合理性，尽量将总体目标和规划重点分解落实到不同的地区和产业部门，同时提出实施这个规划方案的对策和措施。综上所述，新加坡海洋区域规划的实现过程涉及多个关键步骤，这些步骤的有机组合和持续改进机制确保了海洋区域规划的有效实施和可持续发展。

二、发展历程

新加坡海洋区域规划的发展历程可以追溯到20世纪90年代初。当时，新加坡政府开始认识到海洋资源的重要性，意识到需要制定相关的规划措施来保护海洋生态系统、促进海洋经济的可持续发展，并维护国家的海洋权益。在早期的规划阶段，新加坡政府成立了海洋事务部门，负责协调海洋事务并推动海洋区域规划的发展。该部门与其他政府部门、学术机构和业界展开合作，共同探讨海洋管理和利用的策略。2001年，新加坡政府制定了首个海洋空间规划，旨在平衡海洋资源的保护和开发。该规划考虑到海洋生态系统的脆弱性和资源的有限性，将海洋空间划分为不同区域，以满足不同的需求。其中包括保护区、经济开发区和多功能利用区，以确保生态保护和经济发展的协调。随着时间的推移和新的挑战出现，新加坡于2011年对海洋空间规划进行了更新，这次更新强调了生态保护、可持续发展和多功能利用的原则。规划重点关注海洋生态系统的保护和恢复，通过控制发展活动和引入生态恢复措施来保护珊瑚礁、海草床等关键生态系统。2014年，新加坡制定了水域规划框架，进一步细化了海洋空间的规划和管理。该框架将海洋空间划分为多个特定用途区域，如航运区、渔业保护区、旅游休闲区等。通过确立明确的规划原则和目标，新加坡能够更精细地管理和利用海洋资源，实现可持续发展。除了制定规划措施，新加坡还注重技术创新和数字化在海洋区域规划中的应用。近年来，新加坡通过引入先进技术，如人工智能、大数据分析和遥感技术，提升规划的准确性和效率。这些技术工具能够提供详尽的海洋数据和信息，支持决策制定过程，帮助规划者更好地了解海洋区域规划（表 3－2）。

表 3－2　新加坡海洋区域规划的发展历程

新加坡海洋区域规划发展阶段	新加坡海洋区域战略重点
萌芽交流时期（20 世纪 90 年代初）	成立海洋事务部门
开发期（2001 年）	制定首个海洋空间规划，设立保护区、经济开发区和多功能利用区
发展期（2011—2014 年）	开始强调生态保护理念，制定水域规划框架
平稳发展时期（近年来）	引入人工智能、大数据分析等先进技术

三、海洋区域分类体系

（一）保护区

海洋保护区是指在特定的海域内划定的、为保护海洋生态系统和生物多样性、维持海洋资源可持续利用而设立的特定区域。在新加坡的海洋区域规划中，保护区被广泛应用，包括禁渔区、珊瑚礁保护区、海洋生物保护区、海底地质保护区等不同类型。这些保护区的建立不仅有利于维护海洋生态平衡和生物多样性，还能够促进渔业可持续发展和科学研究。

首先是禁渔区。禁渔区是为了保护渔业资源而设立的海域，禁止任何形式的捕捞活动。在新加坡，禁渔区的划定通常基于生态学和渔业资源评估的结果。通过划定禁渔区，可以有效地保护渔业资源，避免过度捕捞和生态环境的破坏。其次是珊瑚礁保护区。珊瑚礁是海洋生态系统中的重要组成部分，由于受到人类活动和自然因素的影响，珊瑚礁面临着严重的威胁。因此，在新加坡的海洋区域规划中设立了珊瑚礁保护区，旨在保护和恢复珊瑚礁生态系统的健康状态。再次是海洋生物保护区。海洋生物保护区是为了保护海洋生态系统中的特定物种而设立的海域。在新加坡的海洋区域规划中设立了多个海洋生物保护区，包括海龟、鲸鱼、鲨鱼等重要物种的栖息地和繁殖场所。通过设立海洋生物保护区，可以有效地保护这些物种的生存环境，促进生物多样性的发展。最后是海底地质保护区。海底地质保护区是为了保护海底地质遗迹和矿产资源而设立的海域。在新加坡的海洋区域规划中，海底地质保护区的划定通常基于地质勘探和矿产评估的结果。通过设立海底地质保护区，可以有效地保护海底地质遗迹和矿产资源，防止过度开采和环境破坏。

总之，海洋保护区的设立对于维护海洋生态系统和促进可持续发展具有重要意义。在未来的发展中，新加坡政府需要进一步加强对保护区的管理和监督，并探索更加有效的保护机制，以确保保护区的效益最大化。

（二）经济开发区

在规划中，需要平衡经济利益和环境保护的关系，确保开发活动符合可持续发展的原则。经济开发区可以涉及渔业、旅游、能源开发、海底资源开采等活动，以实现海洋经济的增长和可持续发展。作为一个重要的国际贸易和物流中心，新加坡致力于发展和完善其港口基础设施，这包括港口的建设、升级和扩展，以满足日益增长的贸易需求，并提供高效的货物运输和处理能力。新加坡海洋区域规划鼓励发展与海洋相关的工业和制造业，这包括海洋工程、造船、海洋装备制造、海洋能源开发等领域的发展。通过吸引投资和提供相关支持，新加坡推动海洋产业的创新和增长。作为一个具有战略位置和丰富能源资源的地区，新加坡海洋区域规划支持油气勘探和生产活动，这包括与能源公司的合作，提供资源开发许可和相关设施的建设，以支持油气产业的发展。新加坡海洋区域规划促进海洋旅游和休闲业的发展。通过开发海洋景点、水上运动设施、度假村和主题公园等，吸引游客和提供丰富多样的休闲娱乐选择，以推动旅游业的增长。新加坡重视海洋科技和创新的发展，鼓励在海洋领域进行研究和技术创新。通过支持科研机构、提供资金和培训等措施，推动海洋科技的进步，促进相关产业的创新和增长。

通过以上具体做法，新加坡海洋区域规划致力于促进经济的可持续发展，提高海洋产业的竞争力，并为国家经济增长和就业创造机会。

（三）多功能利用区

多功能利用区的目标是在遵循生态保护原则的基础上，充分发挥海洋空间的潜力。例如，同一个区域可以兼顾渔业、旅游和海洋交通等多种功能。

新加坡积极探索和利用海洋资源的多元化用途，包括海洋渔业、海洋农业、海洋生物技术等。通过促进海洋经济的多元发展，实现资源的可持续利用，提高经济效益和就业机会。新加坡致力于打造智能港口和高效物流体系，以提升港口和物流业的效率和竞争力。通过引入先进技术和自动化系统，提高货物处理速度和运输效率，以满足日益增长的贸易需求。新加坡鼓励在海洋科技和创新领域建立中心和研发基地。通过吸引科研机构、企业和创新人才，推动海洋科技的进步和创新，培育高附加值的海洋科技产业。新加坡注重海洋教育和培训，通过提供适应海洋经济需求的教育和技能，提供相关课程和培训机会，以培养专业人才和技术工人，满足产业发展的人才需求。新加坡鼓励发展海洋金融和商业服务，提供金融、保险、咨询和其他支持服务，以促进海洋经济的发展和投资活动，这包括吸引海洋相关企业和金融机构设立总部或分支机构。

通过以上具体做法，新加坡海洋区域规划旨在实现海洋资源的多功能利用，促进经济的多元发展，并提供就业和投资机会。同时，这些做法也有助于推动科技创新、人才培养和可持续发展的海洋经济。

（四）生态恢复区

生态恢复区的设立旨在通过引入恢复措施，重建受损的珊瑚礁、濒危物种的栖息地等，以实现生态系统的健康和可持续性。

新加坡致力于恢复和保护受损的海洋生态系统，如珊瑚礁、海草床和潮间带。通过采取措施修复损伤的生态系统、减少人类干扰和控制污染等，促进生态系统的自然恢复和稳定。为了提供更多的栖息地和保护物种，新加坡在生态恢复区域进行植树造林和人工鱼礁建设，这些活动有助于增加植被覆盖、提供栖息地和食物源，促进生物多样性和生态系统的恢复。为了保护生态恢复区内的生态系统，新加坡限制人类干扰和捕捞活动。通过设立保护区、限制捕捞规模和方法，减少人类对生态系统的负面影响，为生态恢复创造有利条件。新加坡还进行科学监测和研究，以了解生态恢复区的生态状况和变化趋势。通过监测水质、物种多样性、生物群落结构等指标，评估恢复进展，为有效管理和保护提供科学依据。新加坡通过开展公众教育和参与活动，提高公众对生态恢复的认识和意识，这包括举办讲座、导览、志愿者项目等，鼓励公众参与保护和恢复海洋生态系统的行动。

通过以上具体做法，新加坡海洋区域规划旨在恢复和保护受损的生态系统，促进生物多样性和生态系统的健康，这有助于提高海洋生态系统的韧性和可持续性，以及维持人与自然的平衡。

四、数据工具

新加坡海洋区域规划中广泛使用数据工具来支持规划过程和决策制定。以下是具体的做法和使用的数据工具。

利用遥感和卫星图像技术获取海洋和沿海地区的高分辨率影像数据，以了解地形、海岸线、水质和生态系统等方面的变化，这些数据用于评估海洋资源的状况、识别潜在的环境问题和选择合适的开发区域。通过海洋测量和地形调查，获取海底地形、潮汐、水深和海底地质等数据，这些数据对于规划海洋活动、确定航道和建设海洋基础设施非常重要。通过建立海洋环境监测站和使用自动监测设备，收集海洋水质、气象条件、潮汐和海浪等数据，这些数据用于评估海洋生态系统的健康状况、水质和生物多样性的变化，以及制定相应的保护措施。利用水文和水动力模型来模拟海洋流动、潮汐和海浪等水文过程，以预测海洋活动和规划海洋基础设施。这些模型能够提供有关水域使用和开发对海洋环境影响的重要信息。GIS 是一种空间数据管理和分析工具，被广泛应用于海洋区域规划中。通过整合不同来源的地理数据，如地形、土地利用、水文和生态数据，GIS 可以帮助规划者可视化和分析海洋区域的空间特征，进行空间规划和决策制定。利用数值模型和预测工具，对海洋环境和资源进行模拟和预测。这些工具可以预测海洋活动、水质变化和生态系统响应，帮助规划者评估不同规划方案的效果和可行性。为了促进数据共享和交流，新加坡建立了海洋数据共享平台和可视化工具，允许不同利益相关者访问和共享海洋数据，促进合作和更好的决策制定。通过数据共享平台，规划者和利益相关者可以共同探讨数据，分析海洋区域的状况和趋势，以及评估规划方案的影响。在实施过程中，持续监测和更新数据是关键。新加坡在海洋区域规划中建立了数据监测系统，定期收集和更新关键的海洋数据，以确保规划的准确性和及时性。

通过使用这些数据工具和技术，新加坡海洋区域规划能够获得大量的地理和环境信息，支持决策制定和规划实施。这些数据不仅帮助规划者全面了解海洋环境和资源，还帮助规划者评估不同规划方案的可行性、环境影响和社会效益，从而实现可持续的海洋区域发展。同时，数据工具的使用也促进了公众参与和透明度，使更多人能够参与规划过程，共同打造可持续的海洋生态系统和繁荣的社区。

五、代表成果

（一）滨海湾地区规划

滨海湾是新加坡的重要海洋区域，其规划注重综合性和可持续发展。在新加坡政府制定的海洋区域规划中，滨海湾被视为一个重要的发展区域，政府采取了一系列主要措施来促进其可持续发展。滨海湾地区规划采用综合规划的方法，综合考虑了城市设计、土地利用、交通规划、建筑设计、公共空间等多个方面。通过整体规划，滨海湾地区的不同组成部分得以协调发展，形成统一而有序的城市景观。与此同时，为了达到可持续发展理念，政府将环境保护和资源利用合理性作为重要考虑因素。采用绿色建筑设计和可再生能源等措施，减少对环境的影响。同时，推广可持续交通及鼓励步行和骑行，降低碳排放。在空间规划方面，将区域划分为多个功能区，如商业区、文化区、娱乐区、公共空间等。通过合理规划不同功能区的布局和空间分配，实现滨海湾地区的多样性和活力。例如，滨海湾金沙综合度假城集合了酒店、赌场、购物中心、会议中心和娱乐设施，成为一个综合性的旅游和娱乐目的地。为打造独特而富有吸引力的城市形象，滨海湾地区也对城市景观进行规划，标志性建筑如滨海湾金沙酒店、滨海湾花园和滨海艺术中心等都为城市增添了独特的魅力。在充分征询公众需求后，滨海湾为市民和游客提供了丰富的公共空间和休闲设施。滨海湾花园就是其中的典型例子，由多个主题花园、人工湖和公共广场组成，成为市民休闲、散步和举办各种文化活动的场所。滨海湾地区在规划中充分利用周边的水域。通过人工水道、海滨步行道和游艇停靠区等设施的建设，将滨海湾地区与海洋紧密相连，提供了丰富的水上活动和休闲娱乐场所。此外，滨海湾地区还注重水质保护和海洋生态保护，采取措施保护水域生态系统的健康和可持续性。滨海湾地区在规划时充分考虑了交通连接的重要性。通过建设现代化的交通基础设施，包括道路、桥梁、轻轨和地铁等，提供便捷的交通方式，方便市民和游客前往滨海湾地区。滨海湾地区在规划过程中为提高公众参与，将市民和利益相关者融入规划决策过程，举办公众咨询会议、成立规划工作坊。这样可以确保规划的公正性和民主性，并增加市民对滨海湾地区规划的认同感和参与度。

滨海湾地区规划的主要做法在提升新加坡城市形象、促进经济发展和改善市民生活质量方面取得了显著成果。同时，这些做法也为其他国家和地区的城市规划提供了借鉴和参考，特别是在综合规划、可持续发展、城市景观设计和公众参与等方面的经验可为其他城市规划项目提供有益启示。

（二）圣淘沙地区规划

圣淘沙地区规划是新加坡海洋区域规划的重要组成部分。圣淘沙地区是一个以旅游和娱乐为主题的综合性度假胜地。圣淘沙地区规划采用主题规划的方法，将不同主题融入规划中，以创造独特的度假体验。例如，圣淘沙地区包括主题公园、豪华酒店、购物中心、海滩和水上乐园等，每个区域都有其独特的主题和特色，吸引着不同类型的游客。圣淘沙地区在建筑设计方面追求独特而令人难忘的环境，如滨海湾金沙酒店和圣淘沙名胜世界的主题酒店等都以其独特的外观成为地标性建筑。同时，规划中还考虑了绿化和景观美化，通过植被和景观元素的精心布置，打造宜人的环境。圣淘沙地区规划注重可持续发展和环境保护。在规划和建设过程中，注重节能减排、水资源管理和废物处理等环境保护措施的实施。采用先进的节能技术和绿色建筑标准，减少能源消耗和碳排放。同时，通过科学管理水资源，包括雨水收集和再利用系统，降低对淡水资源的依赖。此外，规划中还加强废物管理和回收系统，促进可持续循环利用。通过与当地社区的合作和对文化遗产的保护，将本土文化融入规划中，使游客能够体验和了解当地的历史和传统。同时，规划中也鼓励社区居民参与和分享地区的发展成果，提高居民的生活质量和参与感。圣淘沙地区规划中重视安全和紧急应对的措施为建设安全设施和紧急疏散系统，确保游客和居民在紧急情况下的安全。同时，与相关部门合作，制定应急预案和演练，提高应对突发事件的能力和效率。圣淘沙地区规划在实施过程中进行持续的监测和评估，以确保规划目标的实现和效果的持续改进。定期进行环境监测、游客满意度调查和经济效益评估等，为规划的调整和优化提供科学依据。

圣淘沙地区规划的主要做法在促进旅游业发展、提供多样化的娱乐和休闲选择、保护环境和文化遗产等方面取得了显著成果。

（三）东部海岸地区规划

东部海岸地区规划是新加坡海洋区域规划的另一个重要组成部分。东部海岸地区是一个以生态保护、休闲娱乐和住宅发展为主题的区域。东部海岸地区规划注重生态保护和恢复，保护和增强区域的自然环境。通过保留和恢复沿海湿地、沙滩和自然景观等生态系统，维护生物多样性和生态平衡。同时，采取措施保护海洋生态，如建立保护区和限制捕捞活动，以确保海洋资源的可持续利用。东部海岸地区规划提供丰富多样的休闲和娱乐设施，满足居民和游客的需求。规划中包括海滩、公园、自行车道、步行道和水上运动设施等，为人们提供户外活动、休闲娱乐和运动的场所。此外，还规划了购物中心、餐饮区和娱乐场所等商业设施，提供多样化的消费和娱乐选择。东部海岸地区规划中注重住宅和社区规划，提供宜居的居住环境。规划中包括不同类型和密度的住宅区，如公寓、别墅和混合用途开发。同时规划了社区设施，如学校、医疗中心、商店和公共交通等，以满足居民的日常需求。东部海岸地区规划中重视文化保护和历史遗产的保护。保留和修复具有历史和文化价值的建筑物和景点，以保护和传承当地的文化遗产。此外，规划中还鼓励在社区内开展文化活动和艺术项目，促进文化交流和多元发展。东部海岸地区规划中积极推动可持续发展和创新技术的应用。注重能源效率、水资源管理和废物处理等方面的可持续性措施，采用绿色建筑和环保设施，减少对环境的影响。同时，鼓励创新技术的应用，如智能城市解决方案、可再生能源和智慧交通系统，提高城市的可持续性和居民生活质量。

东部海岸地区规划的主要做法在生态保护、休闲娱乐、住宅社区、社区参与、文化保护和可持续发展等方面取得了显著成果。圣淘沙地区、东部海岸地区规划的经验可为其他国家和地区的海洋区域规划提供借鉴，特别是在生态保护和可持续发展方面的做法可为其他类似项目提供有益启示。

六、评价及借鉴

首先，新加坡政府高度重视科技创新在海洋领域的应用和人才培养。例如，新加坡国立研究基金会（NRF）与中国科学院合作，共同建设了中国科学院新加坡海洋研究所。此外，新加坡还与美国、澳大利亚等国家的科研机构建立了合作关系，共同开展海洋技术研究，如海水淡化技术、海洋生态系统的保护等。新加坡政府注重人才培养，为海洋科技领域输送了大量的专业人才。例如，新加坡国立大学、南洋理工大学等知名高校设有海洋科学相关专业，培养了大量优秀的海洋科技人才。此外，新加坡政府还鼓励国际人才交流，吸引了众多海外优秀人才来新加坡工作和生活。这些措施为新加坡的海洋研究提供了有力支持。其次，新加坡政府注重海洋产业的多元化发展。为了充分发挥海洋资源的价值，新加坡政府鼓励海洋产业与其他产业相结合，形成产业链。例如，新加坡政府支持海洋生物制药、海洋旅游等新兴产业的发展，为新加坡的经济增长注入了新的活力。再次，新加坡政府积极参与国际海洋合作。新加坡作为东南亚地区的重要金融中心，积极参与区域性和全球性的海洋合作。新加坡加入了联合国教科文组织发布的《UNESCO海洋计划》，新加坡与中国在海洋领域保持着密切的合作关系，双方共同推动"一带一路"合作伙伴的海洋合作，新加坡与澳大利亚在海洋科技领域共同推动"蓝色经济"的发展，加强海洋科技创新、海洋资源开发等领域的合作，新加坡与美国共同推动"美新伙伴关系"的发展，加强海上安全、海洋环保、海洋科研等领域的合作。最后，新加坡政府还关注海洋环境保护。为了确保海洋资源的可持续利用，新加坡政府制定了一系列环保法规，加强了对海洋污染的监管。同时还大力推广海洋环保意识，通过举办各类活动提高民众对海洋环境保护的认识。

第五节　大洋洲的海洋区域规划

一、基本概况

随着海洋空间变得越来越复杂，多个空间冲突有待解决，海洋空间规划已被公认为是促进海洋治理的重要综合规划框架。事实上，海洋空间规划进程从部门管理转向考虑多个经济、生态和社会目标，旨在减少冲突，促进海洋领域的共存和协同作用。大洋洲由一大块陆地和分散于广大海洋中的众多小岛构成，涵盖三大岛群、十四个独立国家，因此各国的经济发展水平有着显著差异。澳大利亚是大洋洲最发达的国家，也是综合协调利用海洋各个方面并且保持优质海洋环境的模范。海洋是地球上生命的重要调节器，提供人类福祉所需的宝贵生态系统服务，也有助于经济繁荣。因此，海洋空间规划是一种必不可少的方法，以满足沿海国家对所有相关利益攸关方之间协调管理的承诺，无论主要目标是经济、娱乐还是保护。过去十年从海洋空间规划中吸取的经验教训表明，应用多学科方法来扩大和深化来自经济和政治决策领域以及考虑社会和文化层面的利益相关者参与的重要性。

大洋洲岛国以"小岛国、大海洋"为基本特征，广阔的海域面积为大洋洲提供了丰富的海洋资源，同时也意味着大洋洲各国人民的生存和发展严重依赖海洋。大洋洲作为太平洋地区的一部分，其海洋空间规划采取了一种参与性和前瞻性的方法，即领土博弈。该方法基于一组相关利益者对海洋空间构建的集体意见征集，并对空间产出以及导致这些产出的讨论进行了分析，以评估利益相关者对该领土当前和未来的愿景。

二、发展历程

在1979年，澳大利亚首次颁布了《海岸和解书》，2005年2月，岸线管理委员会完成了东部海岸的岸线管理规划，2007年，澳大利亚开始实施海洋区域的规划，目的在于摸清楚海底的大致情况和水体生存环境，为海洋区域规划提供更多有效的数据支撑；新西兰致力于海洋治理和立法工作，并根据1982年《联合国海洋法公约》关于领海基线和海岸线地理特征的规定，对立法进行了多次修改，较早地公布了对领海基线的要求，形成了完备的领海基线体系，在全球处于领先地位；2017年，斐济颁布了海洋综合管理政策，突出了斐济政府对编制海洋区域规划的迫切愿望，中斐两国积极开展了海洋区域规划合作，合理开发和利用海洋资源，促进了斐济的海洋经济。大洋洲各国还积极响应联合国“海洋科学促进可持续发展十年（2021—2030)”，各国既有长期和短期规划，又有宏观和具体规划，相互配合，优势互补，推动了大洋洲各国海洋事业的发展。

三、多元效益

海洋区域规划具有在生态、经济和社会三个维度的多元效益，比如在生态方面能够纳入生物多样性保护目标、识别生态重点区域、搭建海洋保护区网络和减少人类活动对海洋生态系统的累积影响；在经济方面能够促进不同海洋活动之间冲突的解决、促进海洋资源和空间的有效利用、简化许可证审批程序以提升政策透明度；在社会层面能够增加社区和公民参与海洋治理的机会、改善海洋文化遗产的保护、提升沿岸居民对于海洋文化的认知等。作为一个重要的综合规划框架，海洋区域规划能够有效落实基于生态系统的海洋治理，在应对气候变化、优化海洋保护、发展蓝色经济、实施国家/区域战略和助力全球海洋治理中具有潜在的协同增效功能，因而可被视为未来推进海洋治理的新工具。

第一，海洋区域规划以气候变化为情境，能够实现海洋空间规划与适应性治理的协同发展。气候变化是全球海洋生态系统变化的关键驱动力，如何应对气候变化已经成为当前海洋与海岸带治理的挑战之一。为了更好地应对气候变化的不确定性，许多国家开始在海洋空间规划中运用情景分析为政府决策提供多种可替代性方案。第二，海洋区域规划以生态保护为重点，能够实现海洋区域规划与海洋保护的协同发展。此研究将海洋空间规划的缘起往前推进至20

世纪60年代，之前很多学者都认为海洋区域规划源自20世纪70年代，尤其是源自海洋保护区的探索。海洋保护区被视为保护生态环境和物种、恢复海洋生物的多样性、修复海洋生态系统和维持基本生态服务的一种关键工具。第三，海洋区域规划以海洋经济为引擎，能够实现海洋区域规划与蓝色经济的协同发展。蓝色经济是指与海洋和沿海地区经济发展有关的所有活动，其基础是海洋空间和资源的可持续利用，围绕经济、社会和环境的平衡发展，遵循生态系统方法和技术革新应用。第四，海洋区域规划以技术输出为策略，能够实现海洋区域规划与国家/区域战略的协同发展。随着海洋区域规划成为全球海洋治理实践的热门工具，以数据收集与分析、累积环境影响评价、决策支持工具等为代表的技术输出成为一些区域组织和国家的常用策略。第五，以海洋十年为契机，实现海洋区域规划与全球海洋治理的协同发展。海洋十年的主要目标是识别可持续发展所需的海洋知识、形成对海洋的全面认识与理解和增加海洋知识的运用，从而确保海洋科学能够为世界沿海国家和地区的海洋治理创造更好的条件，扭转海洋健康衰退局势，进而实现海洋可持续发展。

鉴于海洋区域规划处于早期发展阶段和缺乏对实践经验的严格评估，关于海洋区域规划好处的确凿证据相对有限。然而，随着大洋洲各国新的海洋区域规划的制定和实施，海洋区域规划收益的定量证据可能会在未来几年出现，包括经济效益、生态效益和行政效益。经济效益——确定兼容的用途和开发区域，整合不同部门有关海洋环境和主要海洋用途特征的信息，以便开发商在选择其建议的地点时能够意识到潜在的冲突，减少使用之间以及使用与环境之间的冲突；同时考虑各行业开发商对海洋区域的要求，以便在大量资本投入之前，尽早发现并解决潜在冲突；为长期投资决策提供更大的确定性。生态效益——管理的重点是整个海洋生态系统，而不是发展或保护的个别地点；寻求在确保经济和社会目标前提下，尊重环境容量限制，支持生态系统方法；确定和建立具有生物或生态重要性或敏感性的区域，并降低与人类活动发生冲突的风险；将生物多样性保护作为海洋区域规划和管理的基本原则；为生物多样性和自然保护分配空间；为海洋保护区的重点保护地带提供划分标准。行政效益——提高决策的速度、质量、问责制和透明度，优化监管；降低信息收集、存储和检索的成本；评估多种目标的组合，平衡特定海区管理措施的效益和成本；海洋区域的管理方法从监管和控制演变为规划和实施；为利益相关者的参与提供一个焦点；改善范围界定和环境评估信息的质量和可用性，包括用于评估累积效应的信息。

四、实现过程

（一）科学界的行动

澳大利亚国家海洋科学委员会（NMSC）于2021年11月发布了《国家海

洋科学计划 2015—2025：中期计划》（National Marine Science Plan 2015—2025：The Midway Point），该报告评估了 2015—2020 年 8 项建议的研究进展，并强调下一步行动。例如一是在整个海洋科学系统中明确关注蓝色经济。利用科学技术支撑未来粮食和近海能源开发、运输、海事安全和沿海城市旅游业开发。二是建立并支持国家海洋基线和长期监测计划，加强全面评估。基线进展包括对另外 15%的大陆专属经济区（EEZ）海床和 10%的澳大利亚南极领土进行高分辨率测绘。三是加强海洋系统过程和恢复力研究，了解气候变化对海洋产业的影响。NMSC 制定了海洋系统实验和过程研究的国家指南，这对于理解全系统流程和影响至关重要；该指南首次通过珊瑚礁恢复和适应计划（RRAP）在区域层面实施。四是制定专门的科学计划，为政策制定者和行业提供决策依据。NMSC 正在评估大洋洲综合生态系统评估（IEA）方法的使用情况，该方法被认为是世界上最佳资源分配方案，将支持更好的决策过程。五是制定一种以积极利用自然环境为基础的海岸恢复力建设方法。

（二）政府的行动

政府将以联合国分支机构成员国的身份通过国家供资机构发挥海洋科学重要供资者和协调者的作用，同时也将从海洋空间规划中获益，即可借此加强与海洋科学家、创新者和其他行为体的互动，共同设计和共同交付与政策、管理和决策有关的科学、服务和技术；澳大利亚的海洋区域规划主要是基于联邦政府和州政府之间合理的角色分工与协作。澳大利亚海洋经济的快速发展带来了争议和挑战，政府将海洋政策置于国家战略层面，2003 年海洋管理委员会成立，通过提高战略水平、协调政策和制定行动议程挽救了这一局面。目前，澳大利亚在海洋领域已经制定了 600 多部与海洋有关的国内法律，它们共同作用，健全的法律体系为其海洋的发展提供了较好的法律环境，保障了海洋经济的可持续发展。2002 年新西兰自然保护部发布了一项国家海洋战略，保护海洋这一特殊场所，加强社区对海洋保护的支持。这一系列措施使澳大利亚、新西兰海洋经济发展带动了一批具有国际竞争力的海洋产业，并保持世界领先地位。

（三）地方行动和土著知识的利用

大洋洲岛国一直以来深受土著部落历史、文化和价值体系的影响。许多政府成员本身可能拥有部落社区身份，甚至是部落社区的领导人，他们在国家政策的制定中扮演着重要的角色。土著社区在海洋空间规划中的作用是众所周知的，地方和土著知识持有者将通过共同制定、共同设计和共同实施“海洋十年”行动来贡献知识，以此为海洋空间规划做出重要贡献。通过这种参与，他们也将有更多机会与“海洋十年”管理者和投资方在共同感兴趣的领域建立伙伴关系，进而从中受益。无论是帕劳的国家海洋保护区还是库克群岛的马拉·

莫阿纳（Marae Moana）海洋公园，太平洋岛屿政府都利用土著知识和传统资源管理来支持海洋资源的共同管理。

由于《联合国海洋法公约》确定的经济禁区重叠，土著知识也被有效地用于跨太平洋海洋边界的确定。例如瓦努阿图和所罗门群岛政府试图根据《联合国海洋法公约》的相关规定商定一条海洋中线，但没有成功。2016 年，瓦努阿图和所罗门群岛政府采用了传统知识和谈判方法，成功地达成了一项边界协定。瓦努阿图与法国就马修岛和亨特岛长期存在的海上边界争端也借鉴了瓦努阿图和新喀里多尼亚的土著知识和历史，作为海上边界确定的基础。

五、代表成果

（一）澳大利亚的海洋区域规划

澳大利亚的海洋区域规划体系是独立运行的控制体系，受“全国海洋政策-海洋生物区域区划”和“各州/地区海洋空间规划”的约束。

澳大利亚大堡礁占地 344 400 千米^2，约有 2 900 个独立礁石以及 900 个大小岛屿（数据来源：《中国大百科全书》第三版网络版），该地方承载了一个极具代表性的可持续生态和生物系统，并包含最重要和最基本的自然栖息地，因其出色的生物多样性而获得国际认可，是世界上最大、最丰富和最多样化的海洋生态系统之一。珊瑚礁约占世界珊瑚礁面积的 10%，由于其自然意义，大堡礁于 1981 年被列入世界自然遗产名录，并于 1990 年被宣布为特别敏感海域。澳大利亚政府于 1975 年颁布了《大堡礁海洋公园法》，以保护和可持续管理珊瑚礁。该法案的主要目标是为大堡礁海洋公园的环境、生物多样性和遗产价值提供长期保护。此外，该法案旨在通过基于生态系统的管理实现公园自然资源的生态可持续利用。该法案为大堡礁公园提供了不同的分区，包括世界自然保护联盟规定的六个保护区中的四个组成部分，即严格的自然保护区、国家公园、栖息地/物种管理区和可持续利用自然资源的保护区。随后，《大堡礁海洋公园法》于 2003 年纳入海洋区域规划。该规划提供了一系列生态上可持续的娱乐、商业和研究机会，以及传统活动的延续。根据分区计划，更新为八个区域：一般使用区、栖息地保护区、保护区公园、缓冲区、科学研究区、海洋国家公园区、保护区和联邦岛屿区。该法案为管理多用途公园提供了一个统一的法律和体制框架，提供了海洋区域的分区，并加以实施，用于公园的生态可持续使用和管理。该法案在经济效益（商业用途）、社会价值（非商业用途）、遗产价值、生物多样性、公园的保护和管理方面取得了相当大的成就。海洋区域规划对公园内用于商业和非商业用途的人类活动进行了有效的管理。然而，该法案的缺点是不足以解决生态系统健康、生态系统复原力、海洋污染和气候变化风险。2009—2014 年，生态系统健康和生态系统复原力等指标呈下降趋势。这意味着整个公园的生态保护面临很高风险，尽管生物多样性可能很好。虽然许多目标已经实现，但需要做更多的工作来实现生态可持续利用的目标。未来该法案应规定一个总体战略计划，应就如何评估公园的潜在生态风险和后果提供明确的指导。地理空间分析、遥感技术、分子技术、测绘和建模应该在公园的海洋区域规划过程中应用，从而进行有效的生态系统管理。关于改善复原力和扩大该计划影响的一些一般性建议将在海洋区域规划的多个方面进行整合，该计划应纳入缓解公园内气候变化的规定，特别是海洋酸化；与气候变化方面和海洋环境有关的利益相关者和非政府组织应参与管理过程；联邦和州政府应通过有意义的合作共同努力，以更好地保护大堡礁海洋公园。

（二）新西兰的海洋区域规划

新西兰采用海洋区域规划的时间较晚，2013 年底启动了第一个这样的规划过程——豪拉基湾海洋公园（Hauraki Gulf Marine Park）。该项目由两个中央政府和两个地区政府机构与当地毛利（Māori）部落合作赞助。这种较晚采用的管理服务方案使新西兰能够借鉴当时已形成的相当多的国际经验，并使其适应当地情况。虽然自 1990 年代初以来在国内以区域沿海计划的形式进行了一些海洋规划，但这些文件一般侧重于对现有活动进行分区，而不是进行前瞻性规划。此外，它们没有纳入所有部门（渔业和海洋保护例外），也很少解决集水区问题。

新西兰第一个海洋空间规划的重点区域是豪拉基湾海洋公园，占地面积约 13 900 千米^2，包括众多岛屿、港口和河口。这是一个高产的海洋系统，是主要的鳍鱼产卵和育雏区，也是海鸟生物多样性的热点区域。虽然在 2000 年的《豪拉基湾海洋公园法》中被指定为“海洋公园”，但这一指定并没有直接对在公园范围内可能发生的活动施加任何限制。相反，它建立了一个名为豪拉基海湾论坛的综合机构，并根据其他立法为管理海洋公园（及相关岛屿和集水区）活动的机构规定了一系列共同管理目标。豪拉基海湾论坛共有 21 名成员，汇集了在海湾管理中发挥作用的 9 个中央和地方政府机构以及 12 名 Māori 部落代表，汇集后者是认识到 Māori 与该区域的密切联系。论坛的主要职能之一是编写豪拉基湾三年一次的环境状况报告。

（三）帕劳的海洋区域规划

帕劳共和国是一个由 700 多个岛屿组成的群岛（其中只有 12 个岛屿有人居住），在密克罗尼西亚西南部绵延 700 多千米，在菲律宾以东约 750 千米，在关岛西南部 1 300 千米。群岛的大部分地区都有一个屏障和边缘珊瑚礁群，形成一个巨大的深浅不一的潟湖，面积超过 1 200 千米^2。

海洋区域规划一直是帕劳保护海洋生物多样性和允许可持续开发海洋资源目标的核心要素。1996 年，帕劳颁布了国家保护法，以保护陆地和海洋野生动物。2003 年，帕劳在法律上建立了保护区网络（PAN），以有效地保护当地的自然资源。2009 年，帕劳宣布建立世界上第一个鲨鱼保护区。该国还在建立“密克罗尼西亚挑战”方面发挥了作用，这是密克罗尼西亚联邦、马绍尔群岛共和国、帕劳共和国、关岛和北马里亚纳群岛联邦之间的一项倡议，旨在到 2020 年保护该地区 30%以上的近岸海洋生态系统。如今，23 个海洋保护区和南部潟湖管理区占帕劳沿海生境的 45%以上，处于某种形式的保护和管理之下（尽管只有 14%的帕劳珊瑚礁和海草床被有效地置于禁渔区）。2015 年 10 月，帕劳承诺建立一个新的国家海洋保护区。该保护区的目标包括禁止外国捕捞金枪鱼和其他大型中上层鱼类，支持在 20%的专属经济区（加上 12 海里以外的领海）发展近海国家渔业，并于 2020 年之前在其他 80%的海域禁止任何类型的开采。国家远洋渔业将所有渔获物在帕劳登陆，为当地市场提供新鲜鱼类，增加粮食安全，并通过降低对珊瑚鱼的捕捞压力支持旅游业。探索游客的潜水活动和鱼类消费对珊瑚礁的当前和未来影响，并确定气候变化背景下当地生活方式的后果。通过具体情景概述了潜在的权衡，包括与气候有关的海洋生态系统的影响、潜水员的直接影响、当地人和游客的珊瑚鱼消费以及目前提议的政府旅游和保护战略。在政策制定的背景下讨论了结果，以便为帕劳未来的可持续海洋资源管理提供参考。

六、评价及借鉴

大洋洲国家在海洋规划方面有着深厚的文化底蕴，他们大力倡导“蓝色经济战略”和可持续利用海洋资源促进经济增长。生活在大洋洲岛屿的人们依靠着健康的沿海生态系统生存。珊瑚礁、红树林和海草床等生态系统有利于保护海岸，为人们提供食物和建筑材料，它们也是渔业和旅游业的主要经济收入。为了海洋经济的可持续发展，大洋洲各国颁布了关于海洋的一系列政策和战略，也为其他国家的海洋区域规划提供了借鉴和帮助。

澳大利亚的《大堡礁海洋公园法》经过多次修订，结合了科学界、政府和土著知识持有者的意见，将海洋区域的使用划分为八个区域，最终落实并且实施，使分区概念深入人心，强化了分区的益处，也为其他国家建设海洋公园提供了法律框架，有利于全球海洋公园的生态可持续使用和管理。值得一提的是，澳大利亚成立了国家海洋部长委员会，该委员会由环境部、农林渔业部、交通部和旅游部等部门组成，负责协调联邦各涉海部门的工作，强化各个部门的沟通，保障海洋政策的有效执行。

Sea Change TaiTimu Tai Pari 项目是新西兰制定海洋区域规划的首次尝试，该项目在构思和执行上都很新颖。许多方面被证明是具有挑战性的，包括在利益相关者代表之间达成共识，以及科学地保护毛利人的居住领地。该计划提出了一个全面的行动，重点是解决豪拉基湾生态衰退的关键驱动因素。与此同时，它为海洋用户作出了规定，在保护和使用之间提供了平衡。豪拉基湾项目的关键挑战是将项目从计划制定阶段转移到实施阶段，这个关键阶段的规划和资源是不足的。在新西兰开展的第一个豪拉基湾项目是试验性的，产生了大量的学习成果。它在许多方面代表了海洋区域规划实践的创新，包括为项目建立一个共同治理结构，毛利部落和利益相关者代表在合作的基础上制定计划，以综合的方式解决流域、海洋问题及各部门的问题，以及将本土知识与科学相结合。

帕劳高度依赖健康的海洋生态系统，也是生物多样性最高的国家之一，该国海洋保护区的成功不仅归功于当地政策的制定，更有赖于岛上土著居民的文化，帕劳并不是唯一一个在健康海洋资源中受益的国家，全球海洋受到保护的只有1.6%，在海洋区域规划方面仍需继续探索，基于以上大洋洲三个国家的例子，希望各国政府能深刻意识到海洋区域规划给国家经济、社会和生态带来的益处。

第六节　国外海洋区域规划对我国的启示

一、深化组织机构改革

海洋区域规划需要多个部门共同协调，必须要深入推进海洋区域规划相关职能部门的机构改革。如日本为加强海洋管理事务的协调与合作设置了综合海洋政策本部，美国海洋区域规划也同样注重政府机构间的协调，促进跨机构、跨部门的整合或让利益攸关方参与，各政府部门之间通过信息交换、公众沟通和合作进行工作以及与非政府组织如大学、基金会和环境组织合作，整合机构和各级政府的行政和技术能力，这对于推进海洋空间规划进程具有至关重要的作用。这些协调做法能够提高各机构合作工作的效率，并确保与利益相关者合作使各用海类型的管控行动在相关群体中达成共识。鉴于海洋问题的复杂性、广泛性和重要性，我国可以借鉴成立国家气候变化领导小组和节能减排领导小组，成立国家海洋委员会来理顺和协调海洋问题。

二、强化海洋科技支撑

海洋是高质量发展战略要地，海洋的发展离不开高水平科学技术的支撑。为了集中优势，凝聚力量，发展先进海洋技术开发的能力，日本采取了官、产、学联合开发的制度，从而获得了政府、企业、研究机构和大学的大力支持，形成了具有强大研究和竞争力的研发体系，日本海洋科技围绕基础性调查研究和测绘、观测与灾害预警报技术、通用技术研究与开发这三大基础工作，以及海洋生物资源开发、深海渔业开发、海洋能源开发、海洋空间开发这四大开发领域展开。我国的海洋科学技术经过多年的发展，与发达国家的差距已经逐渐缩小。但是，从总体上看，我国的海洋科技还落后于发达国家 10 年左右。我国目前与海洋科技有关的研究成果集中在海洋水产业、海洋生物药业等少数几个学科，重大基础性研究不够或不连续，项目短平快特征明显。对海洋资源勘探、海洋监测、海洋调查等重大基础性海洋科学工程方面投入不足，造成我国海洋技术装备条件远远落后于发达国家。海洋基础研究的欠缺直接造成重要海洋应用性项目无法开展，或必须借助于国外的平台，从而受制于人。此外，我国还缺乏完整、连续、准确的海洋调查监测数据，会给海洋区划和规划的开展带来诸多的困难，在基础数据不完备情况下制定出来的区划和规划，其效果必定大打折扣，甚至产生错误的指导作用。

三、提高政策加持力度

随着开发海洋的深度和强度不断增加和具体问题的凸显，政策的配套措施显得十分重要。比如日本定期对其海洋规划进行调整、修改，提出新的目标，从一个目标性很强的规划演变为一个整体协调发展的综合规划以促进海洋政策的实施。新加坡的海洋区域规划在具体实施过程中借鉴了河口管理政策、水域管理政策、渔业管理政策、生态保护政策、海洋保护政策。这些政策的借鉴使得新加坡在海洋区域规划方面能够综合考虑生态保护、资源管理、经济发展和社会利益等多个方面的因素，实现了海洋资源的可持续利用和生态环境的保护。因此，我国应明确《国家海洋事业发展规划纲要》的具体细则，加快制定区域或地方海洋发展规划。更重要的是将我们一直倡导的海洋开发和利用政策提升为国家战略，考虑到我国与周边国家的陆地边界调查已经基本完成，未来影响我国国家安全的领域主要来自海洋，发展和完善相关海洋区域规划体系和海洋战略是保障海洋安全的一个非常重要的方面。

四、注重利益群体协调

海洋保护区的规划和设计是一个漫长而有争议的过程，其中充斥着不同利益集团之间的资源冲突和一些反对规划实施的组织和协会，因此，利益相关者的参与至关重要。美国促进利益相关者和公众参与海洋保护区规划过程，可以增进当地居民海洋保护意识，并为海洋保护区提供支持，能够将公众参与与强有力的政策和科学指导方针相结合，利用吸取的经验教训来帮助制定行动方案，使利益攸关方走上正轨。21 世纪，海洋区域规划与国民经济规划、海洋自然环境保护、经济社会发展规划等相结合，海洋区域规划的整体性水平也将进一步提升。目前，我国海洋区域规划制定过程中各部门的参与度还不够，要进一步促进多元主体共同参与，这对于加强海洋区域规划具有深刻的意义。

五、完善数据工具保障

美国的海洋区域规划的成功在很大程度上取决于其数据的丰富性和质量以及分析能力，各种数据分析工具可以应用于海洋空间规划的不同方面，充分利用现有技术满足所有相关方的利益诉求。海洋区域规划以解决海洋空间保护、资源开发和利用的相互冲突为目标，将进行空间数据收集、数据管理、数据分析和决策支持系统整合工作，提高数据的存储性能和共享程度，以应对沿海和海洋环境挑战。地质技术的进步增加了对空间数据的访问，从而能够开发决策支持工具，通过预测未来情景来组织、分析和告知海洋空间规划进程。可以在不同尺度上分析生物多样性对海洋环境和生态过程的影响，并预测未来可能发生的环境变化，这也有助于我们理解全球气候变化的成因。

第四章　海洋区域规划的基础分析

随着陆地资源的耗尽和人地关系的恶化，人们把目光投向了深蓝（海洋），作为世界上最大的陆海复合型国家，充分开发我国海洋区域资源，对我国经济发展有着至关重要的意义。海洋区划分析是实现海洋经济区域合理布局的重要手段，也是确定不同海洋区域经济发展目标的基础和依据。它为指导调整海洋产业结构和地区布局，解决海区内各种开发利用活动之间的矛盾和冲突提供了科学方法。科学掌握海洋区划的基本内涵、类型和海洋区划的程序具有一定的实践价值。通过对海洋区域进行科学分析，从而实现海洋资源的合理开发和利用，对于促进海洋经济的可持续发展有着至关重要的意义。同时，海洋区划分析还能够帮助我们更好地了解海洋生态环境，指导海洋环境保护工作的开展，为保护海洋生态环境提供科学依据。因此，海洋区划分析是发展海洋经济、保护海洋生态环境的重要基础性工作。

第一节　海洋区域及其特征

一、区域的概念

区域的本质是地球表面的一个范围，它是地球表面上各种空间范围的统称，是地域的集合以及有别于其他地域的特定概念。我们可以将区域表示为一个泛化的空间概念，根据某种标准，在对经济、地理、文化等因素进行全面考量的基础上，将其划分为以充分发挥地区优势和实现管理目标为目标的多个极具特色的、经济独立循环的管辖范围。

区域在地理学、经济学、政治学以及社会学等不同学科都有不一样的理解。“区域”最早在地理学学科中使用，“区域是地球表面的一个部分”；经济学家把“区域”理解为一个在经济上相对完整的特殊地区；在政治学中，区域指的是一个国家对其进行监督和管理的行政区划；社会学家把区域定义为在特定地域边界上，有着共同特征（如信仰、风俗、语言、民族等）的群体。美国地区经济学者胡佛曾对区域进行过界定，认为“区域是为了叙述、分析、管理、规划或制定政策等目的，视为客观实体来加以考虑的一片地区，它可以根据内部经济活动同质性或功能同一性加以划分”，并认为“最适宜的区域划分应当遵循行政区域原则，并且每一个区域必须包含至少一个中心城市组成的核心”。胡佛从区域经济发展阶段的角度进行研究，引用了系统的概念加以思考。

区域作为一个泛化的空间概念，具有以下基本属性。

（1）空间的特性

“区域”是一种空间观念，它是指在某一特定区域中客观存在的事物的集合。自然、人文、社会、经济等各种要素都在其中。区域是客观存在的，是地球表面的某一部分。

（2）契合度

区域内的各种要素（自然、人文、社会、经济等）并非孤立存在，它们之间有着密切的联系，它们共同影响着区域整体发展的动力和方向。有的区域之间有明确的界线，但界线是带有过渡性的。部分区域之间没有明确的界线。

（3）区域之间的差别

每个区域都有不同的特点，其内在的自然、经济、人文、社会等方面均有差异，对因地制宜地发挥区域优势具有重要意义。

（4）非封闭性

每一个地区都可以看作一个“生态系统”，它有自己的内部结构，但又不是完全封闭的，它与其他地区之间存在着一定的联系，并形成了一定的经济和社会联系。这对地区的管理人员来说是很重要的一环。一个区域由多个功能要素构成，其不同的区域之间具有横向或纵向的关系。

从整体上看，应该重视区域的两大特性，即整体性和结构性。区域的整体性是由其内部一致性和联系性决定的。区域的整体性使区域内部某一局部的变化导致整个区域的变化。某一区域某种资源的发现和生产，会影响整个区域经济结构的变化。区域的结构性即指区域的构成单元，按一定的联系产生结构。区域的结构性具有层次性、自组织性和稳定性。区域结构源于区域的联系。由于区域内部的区域功能不同，所处的经济发展阶段不同，资源与产品不一，从而产生多种联系，形成不同结构。因此，在对一个地区进行研究或者开发时，需要特别关注区域的整体性和结构性，统筹兼顾区域中的每个结构的关系以及作用，从而使区域内各要素有机联动，形成合力，推动区域的协调发展。

二、海洋区域的概念

我们居住的蓝色星球分为陆地和海洋两大系统。陆地是人类栖息的场所，也是人类获取资源的主要场所；海洋被誉为“生命的摇篮”，是人类资源的重要补给库。在陆地资源日益紧张的现代社会，海洋对于人类社会的生存和发展的意义愈加重要，越来越多的国家开始注重促进海洋经济的发展。

目前，国内外学者对海洋区的研究大多从经济学、社会学和管理学等方面进行，而对海洋区域的界定则鲜有涉及。在我国，从行政管理的角度将海洋区域界定为为了更好地实现国家海洋行政管理的目的，在我国所管辖的海域中，实行分块管理而将其划分出来的一片区域。

在对区域的论述和我国海洋区域发展状况研究的基础上，本文对海洋区域进行了如下定义：海洋区域是以对海洋资源的有效利用及充分发挥海洋区位优势为目的，在综合考虑地理因素、行政区域因素、文化环境因素、经济协调发展因素等的基础上，将海域划分为多个各具特色的、可形成独立经济循环体系、便于整体管理与协调发展的海洋管辖区。

海洋是人类赖以生存和发展的重要场所，也是人类赖以生存和发展的物质基础。但是，海洋区域的多功能、多复合性质，使其在海洋经济发展中涉及多个行业。许多海洋行业之间相互影响，必然会出现各种矛盾与冲突。如果没有得到有效的协调和组织指导，将会对海洋资源的高效利用造成不利影响，对海洋生态环境造成威胁，对区域海洋的可持续发展产生影响。因此，在海洋区域的发展过程中，必须将各个领域、各个部门的工作有机地结合起来，从而使海洋地区能够健康、有序、可持续地发展。

《联合国海洋法公约》根据海洋的地质状况等，把全球的海洋分为内海、领海、毗邻区、专属经济区、大陆架、公海，并把这些海域的主权和管辖权，以及访问权，都授予了沿岸国。就海洋工作而言，还应包括沿海（沿海地带）、国际海底开发和两极事业。海洋区域和陆地区域的区别在于海洋区域管辖权分为许多级别，每个区域的管辖权也各不相同，但却具备陆地区域的所有特点。

三、海洋区域开发的分析

从我国的实际情况出发，对我国海洋经济发展战略的实施情况进行了分析。所谓的内生条件，指的是海洋系统自身和内部的因素，比如海洋面积、海洋资源、海洋产业以及相关的基础设施等。在此基础上，本文提出了一种新的可持续发展战略。从当前的总体经济发展状况来看，我国实行沿海开发战略的现实条件基本成熟，海洋经济发展进入了有史以来的最佳发展阶段。

（一）海洋资源丰富

《全国海洋经济发展规划纲要》明确指出，我国具有良好的海洋自然环境和丰富的海洋资源。我国的海洋面积广阔，横跨热带、亚热带和温带，形成了一个完整的体系，陆地的海岸线长度达到了 18 000 多千米，拥有着各种各样的海洋资源，有海洋生物、石油、天然气、固体矿物、可再生能源等，极具发展潜力。

（二）海洋事业不断发展

美国经济学家罗斯托把人类社会与经济的发展分为传统社会阶段、起飞酝酿阶段、起飞阶段、成熟阶段、大众化高度消费阶段、追求生活质量阶段等六个阶段。他认为，在经济发展阶段的第三个阶段，也就是起飞阶段，打破了传统社会经济发展停滞不前的局面，但这需要有三个条件，即资本积累较多，有支撑起飞的主导部门，有制度上的变革。本文从罗斯托的经济发展阶段理论出发，通过分析我国海洋的发展状况，得出在过去的数十年中，我国的海洋经济已进入一个可以腾飞的时期。

首先，我国的海洋经济已初步形成规模，并具有一定的资金积累基础。2023年，我国海洋生产总值达到99 097亿元，占国内生产总值的7.9%，这是我国海洋经济发展的新增长点。目前，我国已经拥有海洋渔业、海洋交通运输业、海洋石油天然气业、海洋船舶业、海洋旅游业、海洋盐业、海洋化工、海洋药物业和海水利用等13个主要产业，这些产业对海洋经济的发展起到了很大的推动作用。其次，海洋主导部门逐步完备，2013年的国务院机构改革方案中，海洋行政管理体制的改革，是其浓墨重彩的一部分。通过重组国家海洋局、成立高层次议事协调机构国家海洋委员会等方法，建立一个更为权威的海洋管理机构。最后，海洋制度革新日益完善，以《全国海洋功能区划》《全国海洋经济发展规划纲要》《国家海洋事业发展规划纲要》等重大规划为核心的海洋战略规划体系基本形成，以《中华人民共和国海洋环境保护法》《中华人民共和国领海及毗连区法》《中华人民共和国专属经济区和大陆架法》等一批法律法规为代表的海洋法治建设取得重大突破。当前和今后一段时期，建设海洋强国已经成为中国特色社会主义事业的重要组成部分，建设海洋强国的国家战略已经启动，面对新形势、新机遇、新任务，我国的海洋事业处于新的历史起点上，具备了支撑起飞能力。

第二节　海洋资源分析

一、海洋资源概念及分类

海洋资源是人类开发和使用的一种自然和社会资源，其基础是海洋，并在海洋自然力量的推动下广泛分布于整个海域。

海洋资源可以从两个角度进行分类：根据海域面积和对海域使用的影响。目前，海洋研究者们通常都将海洋资源分为四大类，即海洋生物资源、海洋矿产资源、海洋能源资源以及海洋化学资源。

二、我国海洋资源现状分析

我国拥有广阔的海域，国土总面积的1/3基本上都是海洋，天然的地理优势使我国海洋资源种类繁多、存储量丰富。但随着海洋环境的恶化，为了保护和科学利用海洋资源，我国政府加强了海洋环境保护、渔业管理、能源开发和海洋生态修复等工作。同时，加强国际合作，共同应对全球海洋问题，推动可持续海洋经济的发展。

（一）海洋生物资源现状

海洋生物资源主要包括鱼类资源、软体动物资源和海洋植物资源。

（1）鱼类资源

鱼类资源是在我国最受欢迎的海洋生物资源之一。长期以来，鱼类资源占海洋渔业渔获量的绝大多数，特别是远洋鱼类资源。不过，因为没有深入研究长期以来打捞困难、治理不善等的原因，我国鱼类资源的利用达到了饱和状态，不少水体发生了资源短缺。部分鱼种还存在着过量捕猎而灭绝的问题，这对海洋渔业产生很大的损害。如果长期这样下去，会对深海生物资源的可持续利用造成不良的负面影响。

（2）软体动物资源

软体动物资源通常被称为贝类。深海软体动物分布范围广阔，品种较多，肉质鲜美，容易捕获养殖。比如鲍鱼、贻贝、牡蛎等，这些双壳类动物都是我们会经常使用的中药，并且其规模在近海区域中也特别大，但是对于这一类资源的开发到目前为止都需要有再进一步的研究，因为其群体组成和生长运动的基本规律还需要更多探索，从而去充分调动这种资源极大的挖掘潜能。

（3）海洋植物资源

海洋植物在海洋中也具有很重要的作用，和陆地植被类似，它经过光合作用可以形成有机质，为海洋生物的良好生活环境提供保障。海洋植物品种很多，其中食用的植物品种有 100 多种。现代社会对海洋资源的开发已经对海洋环境产生了很大的危害，海洋植被的生长环境都遭到了很大的干扰，这些都对海洋植被资源的生存发展产生了相当严重的损害。

（二）海洋矿产资源现状

我国海域广阔，拥有丰富的海洋矿产资源，包括油气、沿海砂矿、钴结壳、锰结核、可燃冰等。这些资源遍布于外海区域、远洋区和公海区域，包括南海海底和东海冲绳海槽，也包含大量的金属矿产，包括金、银、铜、铅和锌等。我国越来越重视绿色开发，尤其强调的可持续发展理念对天津市海洋资源的有效利用尤为重要。海洋矿物资源主要可分为海底矿物资源和海洋中的矿物资源，其中海底矿物资源主要包括近海砂矿、海底自生矿源和海底固结岩石矿物。目前我国已开发的海洋矿藏资源主要包括原油、天然气和近海砂矿，其中近海砂矿品种丰富，且储量巨大。对这些矿藏资源的合理开发与利用，对我国海洋经济的发展有着重大作用。

（1）海洋石油和天然气资源

我国有着辽阔的近海陆地和海洋，在我国的近海和远洋储备了大量的石油资源。根据第三次全国石油资源评价结果，海洋石油资源量为246亿吨，占全国石油资源总量的23%，海洋天然气资源量为16万亿米^3，占总量的30%。石油和天然气是几亿年来海洋中的各种生物遗体在海底沉积的大量有机碳，经过漫长的地质演化，沉积物变成了岩石，并在岩层的压力、高温和细菌等因素的作用下形成的。我国是太平洋沿岸的重要国家，拥有近70万千米^{2}的大陆架含油盆地。已探测的沉积盆地约300个，还有大中型的新生代沉积盆地18个。鉴于我国近海石油和天然气储量的分布区域极不一致，在勘查和开发过程中面临着“重北轻南”的问题。

(2) 海岸矿物

我国的海岸矿物资源丰富，其中海岸矿砂资源主要分布在山东、福建、广西、海南、台湾等省市的附近海岸地区，但资源分布并不集中。由于我国海岸线较长，很多矿砂资源都会被河流冲入海中，在河流和海潮的影响下，这些矿砂都沉积在了海岸线上，这样就形成了种类繁多的砂带；海岸砂岩资源则主要由海相砂和海河混合沉积砂石所组成，海岸砂岩的主要地貌单元是沙坝和沙嘴，主要分布在胶东、辽东台地隆起以及华南褶皱带两种主要的海岸地貌结构单元中；海岸沙矿资源则主要分布在沙质海岸地区和近海海底的金属和非金属沙矿床中，总储量约1亿吨。我国海岸矿物种类和储量的分布不均总体呈现南方地区较多，北方地区较少。以海岸矿砂资源为例，广东、海南和福建的矿砂储备大约占全世界近海矿砂总储量的90%。而辽东半岛的近海渔业也有大量砂矿，包括了金红石、锆英石、石英砂和金刚石等。

(3) 其他矿产

研究表明，南海海底蕴藏有大量的富钴结壳等可燃冰资源，而东海海槽中也蕴藏着大量含有金、银、铜、铅、锌等金属矿产的优质热液硫化物矿藏。这些丰富的资源表明海洋资源可开发的潜力巨大，价值非常丰富。

(4) 多金属结核

多金属结核是一种铁和锰氧化物的复合体，包含了锰、铁、镍、钴和铜等多种元素，颜色通常为黑色至棕色。全球海底含有大约三万亿吨的多金属结核，具有重要的经济意义。目前我国锌、铜、钴、镍等这四类金属的储量尚不足，需要大量进口，而随着我国经济的发展，对此类能源的要求也将大大提高。为此，由中国国家海洋局组织的科考工作者深入热带太平洋区域进行了科学考察，并获得了大量的数据和标本。

(5) 天然气水合物

天然气水合物是天然气和水分子组成的固体结晶物质，是水和以甲烷等为主的有机气体构成的可燃性物质，存在于低温高压环境中。全球海洋中的天然气水合物共含有2.1亿米^{3}的甲烷物质，相当于全球燃煤、石油和燃气的碳排放量的两倍。

（三）海洋能源资源现状

由于当今陆地资源的短缺，海上资源的开发与运用越来越受到全球各国与地方的重视。到了21世纪，我国已经形成完整的海洋石油产品体系。

我国沿海蕴藏着巨大的海洋可再生能源，海洋可再生能源是指所有的全部依靠海洋的可再生能源，包含波浪能、海洋潮汐能、温差能、盐差能等，而人们往往将这些能源转化为电能。不过，不同的国家对海洋可再生能源的定义不同，例如，欧洲各国通常将海上太阳能、波浪能和潮汐能等统称为海洋可再生能源，而美国则将海上油气、海洋太阳能、波浪能和潮汐能等统称为海洋可再生能源。在我国，对波浪能、潮汐能、温差能和盐差能等资源的合理使用也得到了关注。

我国海洋可再生能源资源丰富，仅近海技术可开发量就超过了70吉瓦。深海的波浪能资源更为丰富，深海的洋流能源也相对丰富。

2004年，国家海洋局实施了“我国近海海洋综合调查与评价”的专门任务，对海洋能源利用问题进行了探索与评价。结果表明，目前对我国近海海洋可再生能源开发利用的总理论装机容量约为697吉瓦，并具有巨大的潜力（表4-1）。

表4-1 我国近海海洋可再生能源资源统计

能量种类	潜在量/理论装机容量（吉瓦）
潮汐能	192.86
潮流能	8.33
波浪能	16.00
温差能	367.13
盐差能	113.09
合计	697.41

（1）潮汐能资源

我国潮汐能资源蕴藏量约为1.1亿千瓦，可开发总装机容量为2 179万千瓦，年发电量可达624亿千瓦时，主要集中在福建、浙江、江苏等省的沿海地区。浙江省钱塘江河口、三门湾，以及福建兴化湾、三都澳和湄洲湾之间的广大海洋，是我国潮汐发电条件较为优越的区域。

潮汐能的产生有三种主要方式。第一种是潮汐拦河坝，它使用一个突出到海洋中的水坝状结构来形成潮汐盆地。拦河坝上的水闸控制水位和流速，当涨潮时，该区域可以填满水，并将水排到一个发电涡轮系统中发电。第二种是潮汐涡轮机，它使用潮汐能量驱动涡轮机，使涡轮机的上下两端产生涡流，从而产生电能。这些设备可以安装在强潮水中的海底，但这要求设备非常重。第三种是潮汐围栏，它使用安装在围栏或海床上的垂直轴涡轮机，让水通过涡轮机发电。

我国潮汐能的特点：

①潮汐发电蕴藏量十分充足。我国的海岸线非常绵长，这就注定了我国的海潮能量不会枯竭。从地理上来看，我国东南沿海潮汐发电资源丰富，特别以闽、浙沿海地区的理论蕴藏量为最高。

②潮汐能的地理位置分布不均匀。我国潮汐能资源蕴藏量十分可观，但潮汐能资源的地理分布十分不均匀。沿海潮差以东海为最大，黄海次之，渤海南部和南海最小。河口潮汐能资源以钱塘江口最丰富，其次为长江口，以下依次为珠江、晋江、闽江和瓯江等河口。以地区而言，潮汐能主要集中在华东沿海，其中以福建、浙江、上海长江北支为最多，我国的潮汐发电站也主要布设在华东沿海地区。

③潮汐能的开发相对复杂。我国东部沿海地区主要由平原和河口组成。平原地形潮汐差小，土壤以粉土和淤泥为主，地势平坦，海岸线相对平坦，不适合建设潮汐电站。但在杭州湾以南，地形陡峭、山陡水深、潮汐差大，并具有许多适宜作为潮汐发电厂坝址的海湾和地质环境。但是，泥沙淤积问题也是发展潮汐能的一个难点，我国在20世纪建设的许多潮汐发电厂都由于泥沙淤积问题不能运转而不得不暂停。所以，要大力发展海水潮汐能，还必须做好大量的科研工作。

（2）潮流能资源

潮流能指潮水流动的动能，主要指月球、太阳等的引力作用引起地球表面海水周期性涨落所形成的总动能。与波浪相比，潮水的变化更加平稳和规律。潮流能随潮水的涨落平均每天2次改变大小和方向。

浙江近海潮流能资源最为丰富，占全国总量的50%以上，主要集中于杭州湾口和舟山群岛海域。舟山外海各航道的潮流能资源特别丰富，其中水道处在多个岛礁中间，且海况相对稳定，而且海底底质都是基岩，因此非常适合布放座底式潮流能发电设施，舟山的官山、龟山、灌门、西堠门、金塘等水道均具有建设大型潮流能发电场资源条件。另外，山东、江苏、海南、福建和辽宁等地的潮流能资源约占我国潮流能资源总量的36%。

（3）波浪能资源

波浪能是指波浪在海面上发生的动能和势能的总和，其能量多少和波高的平分、波浪的运动周期及迎波面的宽度成正比关系。在海洋上，最不安全的能源之一就是波浪能。风是引起海面波动的主要外界因素，所以波浪能的实质也是海水吸收风能而产生。而能量传递频率的高低和风速有关，风越疾，波浪能越高。波浪能的性质通常用波高、长度和波周期来表示。

全国沿岸波浪能资源平均理论功率为1 000余万千瓦，其中台湾省沿岸最多，为429万千瓦，占全国总量的1/3；其次是浙江、广东、福建和山东等沿岸较多，为161万～205万千瓦，合计为706万千瓦，占全国总量的55%；其他省市沿岸则较少，为14.4万～56.3万千瓦。

(4) 温差能资源

温差能是指海洋表层海水和深层海水之间的温差储存的热能。利用这种热能可以实现热力循环并发电，此外，系统发电的同时还可生产淡水、提供空调冷源等。发电过程中所进行的是朗肯循环，即工质吸热膨胀后转为气态，随后在汽轮机中绝热膨胀做功，排出的汽在冷凝器中凝结成液态再去吸热，从而完成循环。除了发电本身的清洁和稳定，海洋温差发电还会带来一些有益的周边影响。比如它可将深海富营养盐类的海水抽到上层来，有利于海洋生物的生长繁殖。若将发电、海水养殖及供应淡水结合起来综合开发，则可取得更好的经济效果。此外，深层海域中的无机营养素、微量元素和矿物质都非常丰富，包括了人体所需要的90多种矿物质，是一种不可多得的资源。经处理后的深度海洋提取物绿色无污染，可广泛应用于生命科学、医药、食品添加剂、高端肉制品、葡萄酒、化妆品等行业领域，具有巨大的投资价值。

中国南海是“21世纪海上丝绸之路”的主要起点与通道海域，是中国连接东南亚、印度、非洲、澳大利亚和欧美国家的主要桥梁和纽带。而我国南海也是全球最大的海域之一，平均水深达到1 212米，最深处可达5 559米。中国海洋温差能资源丰富，存储量约3.67亿千瓦，涉海面积达180万千米^2，如果按2%的利用率计算，年发电量可达570亿千瓦时，但相关研究还处于实验室理论研究及陆地试验阶段。因此我们拟通过技术计算，在充分发掘论文、技术信息的基础上，对海洋温差能量资源技术开展大数据分析，并预见技术发展方向。

(5) 盐差能资源

盐差能是一种可再生的清洁能源。与其他海洋能相比，它受到气候条件的限制较小，但在众多海洋能中，盐差能是最难开发利用的一种能源。盐差能广泛存在于河流与海洋的交界处，以及淡水丰富地区的盐湖和地下盐矿中。盐差能发电基本原理则是将不同盐浓度的水体之间的化学电位差能转化为水的势能，再利用水轮机发电。虽然我国近海河流资源丰富，且每年的入海径流量也都比较丰富，总盐差能资源很多，但因为地理上分布不均匀，加之气候季节变化剧烈，年际差别非常明显。而目前我国的高盐差能资源，主要分布在上海市区和广东沿海。盐差能是一种化学形式的海洋能，有渗透压、蒸汽压、机械化学等多种发电方案，最受关注的是渗透压方案。

(四) 海洋化学资源现状

海洋中也存在着大量的元素和矿物质，全世界海洋中一般存在大量的氯化钠。我国沿岸的海洋含盐量也较高，如南海的西沙、南沙群岛的沿岸海洋年平均盐度为 33～34，而渤海海峡北部、山东半岛东部和南部的年平均盐度则为 31，而闽、浙沿海的海洋年平均盐度则为 28～32。海洋中还存在着 92 种化学元素和多种可溶解的化学矿物，人类也可以由此获取资源。此外，在海洋中还蕴藏着含量巨大的重水，可以作为核聚变原料和人类未来的主要能源。

我国的人均土地资源处于全球水准以下，所以有必要把海洋视为资源的重要保障。据主要矿种资源对国民经济保证的分析，在 21 世纪将会有一半左右的矿产资源无法满足人类的需求，因此，矿产资源在未来会出现整体的紧缺，有一些资源甚至会出现枯竭的现象。在此过程中为了能够有效保证国民经济持续、快速、健康发展，对土地资源的开发将会更加严峻。所以，将眼光放于海洋，并将海洋当成资源发展的重要储备战略基地，对进一步推进海洋发展的进程来说是必然趋势。

海洋中存在着巨大的生物资源和化学能源。在已发现的 118 种化学元素中，有 92 种是在海水中发现的。每千米海水中含有约 3 500 万吨固体物质，其中大部分都是对我们有用的元素，其总价值约为 1 亿美元。所以，可以将海水认为是一个巨大的液态矿产资源。海盐、溴、锂盐、镁盐是海水的四种主要成分，也是当今世界各国国民经济建设的最主要、最基本的化学原料；同时钴、氘、锂、碘是另外 4 种微量元素，这些元素也是人类 21 世纪最主要的战略物资。

海洋化学资源的开发利用历史也比较久远，主要包括海洋盐卤水的综合利用（镁化合物回收等）、海水化学元素提取（镁、溴、铀、钾、碘等）、海水淡化等。此外，随着现代科技的迅速发展，对海洋中天然有机物质的开发和利用（如从海洋动植物中提取天然有机生理活性物质）也获得了迅速发展。

第三节　海洋区域环境分析

一、海洋环境分析的必要性以及现状

海洋环境是指广阔的海洋领域及其相关生物、地理、气候、化学和人类活动的总体。这是一个非常复杂和多样化的系统，可以追溯到地球形成之初。海洋占据了地球表面的 2/3，拥有着极其多样化的生态系统，支撑着全球几乎所有的生命，包括各种微生物、浮游生物、底栖生物、海藻、鱼类、哺乳动物和鸟类等。此外，海洋还扮演着重要的全球生态和气候调节角色，通过循环和储存碳、释放氧气、吸收大气中的污染物质等方式，调节着全球气候和变化，对地球生命和文明的发展都有着至关重要的影响。

海洋区域环境是人类和地球生态系统中不可或缺的一部分，它为我们提供了珍贵的资源和服务，如食物、能源和旅游等。然而，当前海洋区域环境受到了诸多威胁。人类活动对海洋环境的影响越来越明显，其中包括海洋污染、海

底生物破坏等问题。这些问题对海洋生态系统和人类社会都带来了极大的威胁，需要我们采取积极有效的措施来应对。因此，进行海洋区域环境分析具有非常重要的意义。

首先，海洋区域环境分析可以帮助我们更好地了解海洋生态系统的复杂性和脆弱性。海洋生态系统包括各种生物和非生物成分，它们之间相互作用，形成了复杂而稳定的生态平衡。然而，人类对海洋环境的影响导致这种平衡受到破坏，进而导致海洋生态系统的崩溃。通过深入探究海洋生态系统的结构和功能，我们可以更好地了解其所面临的挑战和威胁，从而采取针对性的保护措施。

其次，海洋区域环境分析可以帮助我们更好地了解海洋资源的可持续利用性。海洋是人类获取食物、能源和其他重要资源的重要来源，但过度捕捞、过度开采等行为对海洋生态系统造成不可逆转的伤害，并威胁到人类的生计。因此，为确保海洋资源的可持续利用，我们需要通过海洋区域环境分析来了解资源的数量、质量和消耗率，制定科学合理的管理方案，以及探索更加环保、可持续的生产方式。

最后，海洋区域环境分析可以帮助我们更好地了解全球气候变化和海平面上升的影响。海洋是地球气候系统中极其重要的组成部分，其表面温度、盐度和流动状态等对全球气候具有重要影响。然而，全球气候变化和海平面上升对海洋生态系统和人类社会造成了严重威胁。通过深入分析海洋区域环境的现状和趋势，我们可以更好地了解气候变化和海平面上升的原因和影响，进而采取相应的减缓和适应措施。

总之，海洋区域环境分析对于了解和保护海洋生态系统、确保海洋资源的可持续利用以及应对全球气候变化和海平面上升等挑战具有重要的作用。我们需要更多的科学研究和政策制定来促进海洋区域环境的可持续发展。

综上所述，海洋区域环境是一个非常重要且复杂的概念，主要包括海洋区域生态环境、海洋区域法律环境、海洋区域人居环境等方面，并与地球上众多方面密切相关。我们需要更好地了解和保护海洋环境，以确保其可持续发展，并提供有益于人类的各种资源和服务。

二、海洋区域生态环境现状

海洋区域生态环境是指海洋区域内的生物、水文、地理、化学、气象等自然环境因素相互作用的复杂系统。海洋区域生态环境的稳定性和健康状况对于海洋生态系统的生存和发展至关重要，也直接影响着人类的生产和生活。对近岸海洋生态环境的健康状况进行综合评估，是推进海洋生态环境管理和保护工作、使海洋生态系统能够持续为人类服务的关键。

保护良好的海洋生态环境是人类社会与大自然和谐共处的基本需求，也是促进社会经济可持续发展的重要条件。然而，随着我国海洋经济水平的不断提高，海洋生态环境也面临着巨大的压力。在海洋经济持续发展的过程中，我国海洋生态环境遭受了许多损害，同时海洋生态环境协同治理中存在的问题也日渐凸显。因此，我们需要采取措施来保护海洋生态环境，促进海洋可持续发展，确保人类与大自然的和谐共处。

海洋区域生态环境主要特点为以下几点。

（1）多样性

海洋区域内生物种类繁多，水环境、地理环境、气候环境等因素的多样性也使得海洋生态环境的复杂性更加突出。这些生态系统之间相互交织，彼此依存，形成了丰富多彩的海洋生态系统和复杂的生态关系网。具体来说，海洋生态系统的多样性表现在以下几个方面：①物种多样性。海洋生态系统中有众多的生物种类，包括浮游生物、底栖生物、海藻、鱼类、哺乳动物等。不同物种之间相互作用，构成了一个庞大的食物链，维持着整个海洋生态系统的稳定运转。②栖息地多样性。海洋生态系统中存在多种不同的栖息地和生境类型，例如珊瑚礁、海草床、海底火山、深海生态系统等，它们各自具有不同的生物群落和物种组成，形成了丰富多彩的海洋生态系统。③功能多样性。海洋生态系统中的不同生物种类有着不同的功能，如化学能量转换、营养物质循环、维持水质、抵御病害等。这些生命活动共同作用，构成了复杂的海洋生态系统，并在其中保持着一种微妙的平衡关系，任何一个组成部分的改变都可能对整个生态系统产生不可逆转的影响。总之，海洋生态系统的多样性作为地球生命系统的重要组成部分，在生态安全与生存环境方面具有重要作用。

（2）脆弱性

海洋生态系统对外部干扰的抵抗能力相对较弱，一旦遭受污染、过度捕捞等不良影响，恢复速度较慢，甚至可能导致生态系统的崩溃。海洋生态环境的脆弱性主要体现在以下几个方面：①低恢复力。海洋生态系统中许多生物种群和基础生态结构具有较低的恢复力。如果受到污染、气候变化、过度捕捞等外界因素干扰，可能导致这些生物无法及时恢复，进而影响整个生态系统的稳定运行。②灵敏性。海洋生态系统对人类活动、气候变化等外界干扰较为敏感。稍有不慎即可能对其造成破坏，导致海洋生态系统的崩溃。③多样性减少。随着时间推移，海洋生态系统中原有的多样性与完整性逐渐丧失，越来越多的物种濒临灭绝，物种数量削减，更改海洋模式也会引起野生动植物迁徙路径的改变，从而更加降低了海洋生态系统的稳定性。④高程度交互联系。海洋生态系统中的各种生物和生态组成元素之间都存在着复杂的相互关系，并且它们之间的交互联系程度非常高。因此，当海洋生态系统中的某一个组成部分被破坏时，往往会对其他组成部分产生连锁反应，最终影响整个生态系统的稳定性。总之，海洋生态环境的脆弱性使得我们必须尽可能地保护海洋生态环境，以维护人类和地球的生存与发展。

（3）蔓延性

海洋区域生态环境的影响范围和迁移速度较大，一个区域的生态环境问题可能会影响到周边甚至更远的区域。具体表现：①污染物的扩散。当化学品、塑料等工业污染物排放到海洋中，它们不仅在发源地造成污染，还会被水流、洋流以及全球大气环流运动带至其他地区，在远离排放源的地方依旧对生态环境产生影响。②生态扰动的传递。一些人为扰动事件（如渔业过度开发、非法使用刺网、破坏生境等）可能发生于海洋的某一个局部生态系统中，但这些事件却可能对整个生态系统或是周边的其他生态系统造成广泛持续的影响，例如对鱼类资源的损害造成了整个生态系统的负面影响。③全球气候变化对海洋的影响。全球气候变化会导致海平面上升、水温变化、海洋酸化等一系列问题，影响到全球的海洋生态环境，并且通过全球大气环流等方式扩散到海洋中的各个区域，对海洋生态环境造成广泛的影响。总之，海洋生态环境的蔓延性极大加剧了海洋生态环境的保护难度和重要性，需要更多的全球合作来解决这些问题，以保障海洋生物多样性和海洋生态环境可持续发展。

（4）全球性

海洋区域生态环境对全球气候变化、海平面上升等全球环境问题都有着重要的影响和作用。海洋生态环境的全球性主要表现在以下几个方面：①海洋是地球上最大的连通体。水流、洋流和气流可以自由地穿过大洋，从一个区域到达远离其源头的其他区域。这就意味着一个地区的海洋污染或生态问题很可能会影响到其他地区，特别是跨越多个国家或洲际的情况。②生物无国界。海洋中存在着许多种类的海洋生物，它们栖息在不同的地域和生态系统中，但很多物种都具有广泛的分布范围。因此，一个地区出现过度捕捞、物种灭绝等生态问题，会影响到整个海洋生态系统，甚至引起更为严重的生态危机。③全球气候变化对海洋的影响。海洋吸收了大量的二氧化碳和其他温室气体，起到了缓解全球气候变化的作用。但是，随着全球气候变化的加剧，海洋受到的影响也越来越大。例如海平面上升、水温升高、酸化程度加剧等问题，已经在全球范围内引起了广泛的关注。因此，由于海洋的连通性和生态系统的交互性，海洋生态环境对全球的影响就非常明显，各个国家应该共同合作，保护海洋生态环境。

为了保护海洋区域生态环境，需要采取一系列的措施，包括加强生态环境监测和评估、控制污染和过度捕捞、建立海洋保护区等。只有加强保护和管理，才能保证海洋区域生态环境的健康和可持续发展。良好的海洋生态环境是保护生产力和发展生产力的必然要求，也是沿海区域发展的首要目标。为了保护海洋区域生态环境，我国需切实保障并深入研究海洋生态安全状况。现阶段，我国海洋生态安全区域差异呈现逐年扩大的趋势。在空间格局上，我国海洋生态安全整体状况良好，且大致呈现出“以上海为中心南北对称”的空间分布特征。

三、海洋区域法律环境现状

海洋区域法律环境是指涉及海洋区域生态环境保护、海洋资源开发利用、海洋安全等方面的政策法规体系。其中包括国家层面的法律法规、行政法规、规章和规范性文件，以及地方政府制定的相关规定和政策。翟姝影等从环渤海区域经济发展与海洋生态环境保护的内在关系入手，分析该区域海洋环境面临的法律问题，从立法、执法和司法角度提出治理对策。

我国的海洋立法起步较晚，海洋法律体系相对不完备，许多方面还没有得到法律的保障。目前，我国海洋资源利用正处于快速发展的阶段，以海工装备、渔业、港口、造船、海洋石油、海盐及海洋化工、海水淡化、综合利用等领域为代表的海洋经济领域正快速发展，成为新兴的海洋利用大国。然而，如何保证全球海洋资源的自由开放，并最大程度地为我所用，是完善海洋法律体系必须考虑的因素。由于我国海洋法律体系的理论基础薄弱，缺少基本的共识和必要的反思，许多法律滞后于社会经济发展的需要。因此，我们需要进一步完善我国的海洋法律体系，以确保全球海洋资源的自由开放，同时使我国在海洋经济领域保持领先地位。

海洋区域法律环境的主要特点为以下几点。

(1) 多元性

海洋区域法律环境涉及多个部门和领域，包括海洋渔业、海洋环境保护、海洋科学研究、海洋能源开发等。海洋法律环境中的多元性特点主要表现在以下几个方面：①国际法与国内法的交织。海洋法律环境中，国际法与各国国内法相互交织，相互影响。国际法是海洋法的基础，各国国内法是国际法在国内的具体实施。不同国家的国内法可能存在差异，这就需要在国际法框架下进行协商和谈判，以达成共识。②多元化的主体。海洋法律环境中，主体包括国家、国际组织、企业、个人等多种类型。这些主体之间的关系错综复杂，需要进行协调和平衡。③多层次的法律框架。海洋法律环境中，法律框架包括国际法、区域法、国家法等多个层次。这些法律框架之间存在着交叉和重叠的现象，需要进行整合和协调。④多元化的争端解决机制。海洋法律环境中，争端解决机制包括国际仲裁、国际法院、双边谈判等多种形式。这些机制之间也需要进行协调和整合，以保障争端解决的公正性和有效性。

（2）保护性

海洋区域法律环境的主要目的是保护海洋生态环境和资源，防止海洋污染和过度开发，促进海洋可持续发展。海洋区域法律环境中的保护性特点主要表现在海洋区域法律环境中，各国和国际组织都致力于以下几个方面：①保护海洋环境。包括防止海洋污染、保护海洋生物资源、保护海洋生态系统等方面。②保护海洋生物资源。包括限制捕捞、禁止滥捕、保护濒危物种等方面。③保护海洋文化遗产。包括保护海底考古遗址等方面。④保护海洋安全。包括打击海盗、打击非法渔业、保护海上通道安全等方面。⑤保护海洋权益。包括保护领海、保护专属经济区、保护大陆架等方面。

为了保护海洋区域生态环境和资源，需要制定和执行一系列的海洋基本法规，包括海洋产业法、海洋治理法、海洋维权法等（图 4－1）。同时，需要建立健全的监管机制和执法体系，加强对海洋区域的管理和保护。

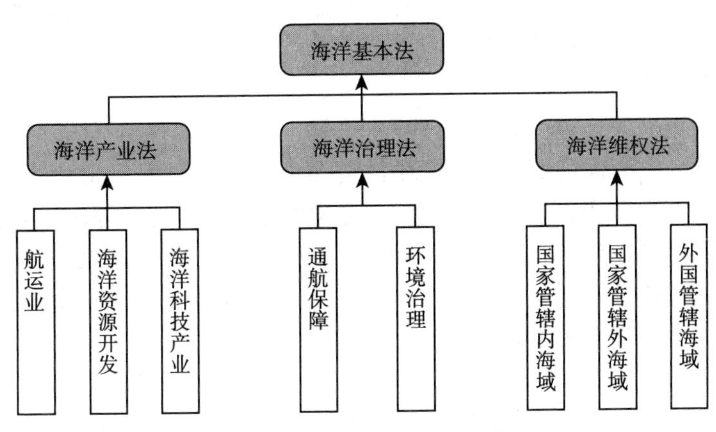

图 4－1　海洋政策法规分布

在我国建设海洋强国的时代背景下，建构一个体系合理、结构科学、内容完备、符合时代发展需求、具有前瞻性的海洋法律体系，是“提高我国海洋资源开发能力，发展海洋经济，保护海洋生态环境，维护国家海洋权益，建设海洋强国”的法治基石。当前，我国经济社会发展进入新的历史机遇期，同时改革也进入攻坚期和深水区，诸多社会矛盾凸显。因此，精准掌握海洋生态环境协同治理模式现存法律问题，全力创建法治化海洋生态环境治理体系是时代发展必然趋势。政府应依照事实明确海洋生态环境保护过程中各治理主体行政执法权限，最大限度消除行政执法权限出现交叉或重复现象的可能性，并创建完善行政执法责任机制，促使各主体严格履行自身执法责任。同时，政府还需结合海洋周边区域发展形势完善对应跨地区司法协作机制的建设，为各区域开展联合执法活动创建良好条件，促使整体执法效能得到大幅提升。

四、海洋区域人居环境现状

海洋区域人居环境指的是人类在海洋区域内生活、工作和活动的环境条件。它不仅包括居住条件、就业条件、基础设施、交通、文化教育等方面，还包括所有的人类居住活动，如住宿、工作、教育、医疗和文化旅游等。因此，海洋文化对城市人居环境的影响可以分为两个方面：对物质空间的影响和对人居活动的影响。人居活动是一个过程、一种行为和一类文化，具体表现在居住观念和审美感受等方面。通过以挖掘海洋文化为研究载体，结合滨海人居空间核心问题，探讨有效的人居空间品质提升策略，同时从居民角度探索人性化的空间设计方法，提出基于人本理念的设计策略，使得海洋与人居和谐共生的理念得以实现，最终提升滨海人居空间的活力。居住环境和居住空间的发展、演变过程也是人类文化发展的体现，居住与文化是文化中的居住和居住中的文化的统一体。因此，海洋的文化底蕴对市民的人居活动有着明显的影响。

海洋区域人居环境的主要特点为以下几点。

(1) 复杂性

海洋区域人居环境受到海洋环境、气候、地理等多种因素的影响，具有复杂性和多样性。海洋区域人居环境中的复杂性特点主要表现在以下几个方面：①自然环境复杂多变。包括海洋气候、海洋生态、海洋地形等多个方面。这就要求人们在生产、生活和科学研究等方面充分考虑自然环境的复杂性。②人类活动对自然环境的影响复杂多样。例如，船舶污染物的排放、海洋垃圾的排放、海洋开发等都会对海洋环境产生影响。③不同区域之间差异性大。例如，沿海城市和海上渔村的人居环境差异很大，需要因地制宜地制定相关政策。④人口流动性大。包括渔民、海员、科研人员等。这就需要在人口流动管理、安全保障等方面加强管理。⑤多方利益关系复杂。例如，海洋开发涉及国家利益、企业利益、环境保护等多个方面，需要进行权衡和协调。

(2) 生态性

海洋区域人居环境需要考虑对海洋生态环境的影响，保护海洋生态系统的健康和稳定。海洋区域人居环境中的生态性特点主要表现在以下几个方面：①海洋生态系统丰富多样。包括珊瑚礁、海草床、海洋深渊等多种生态系统。这些生态系统对于维护海洋生态平衡和保护海洋生物资源至关重要。②海洋生物资源丰富。包括各种鱼类、贝类、海藻等。这些资源对于人类的食品安全和经济发展都具有重要意义。③海洋生态系统脆弱，很容易受到人类活动的影响。例如，过度捕捞、海洋污染等都会对海洋生态系统造成破坏。④生态环境保护意识提高。随着人们对生态环境保护意识的提高，各国和国际组织都加强了对海洋生态环境的保护。例如，限制捕捞、禁止滥捕、限制海洋污染等政策的出台。⑤生态环境保护与经济发展的平衡。生态环境保护与经济发展之间需要取得平衡。各国和国际组织需要在保护海洋生态环境的前提下，推动海洋经济的可持续发展。

（3）安全性

海洋区域人居环境需要考虑海洋安全因素，如海洋灾害、海盗袭击等。海洋区域人居环境中的安全性特点主要表现在以下几个方面：①自然灾害风险大。包括海啸、台风、赤潮等多种自然灾害。这就需要加强自然灾害预警和应对能力。②人工灾害风险高。包括海洋污染、船只事故等多种人工灾害，这就需要加强人工灾害预防和应对能力。③人员流动性大。包括渔民、海员、科研人员等，这就需要加强人员流动管理和安全保障。

为了优化海洋区域人居环境，需要加强海洋基础设施建设，完善海洋交通网络和物流体系，提高海洋生活和工作条件。同时，需要加强海洋环境保护和海洋安全管理，保障海洋区域人居环境的安全和稳定。

以南海海域海洋垃圾污染问题为例，南海是中国重要的海洋区域之一，也是世界上最繁忙的海上航道之一，由于人类活动和自然因素等多种因素的影响，南海海域存在着严重的海洋垃圾污染问题。这些垃圾包括塑料、渔网、船舶残骸等，对海洋生态环境和人类健康都造成了严重的影响。采用“提出问题——分析问题——解决问题”的技术路线，寻求解决南海海域海洋垃圾污染问题的方法路径（图 4－2）。

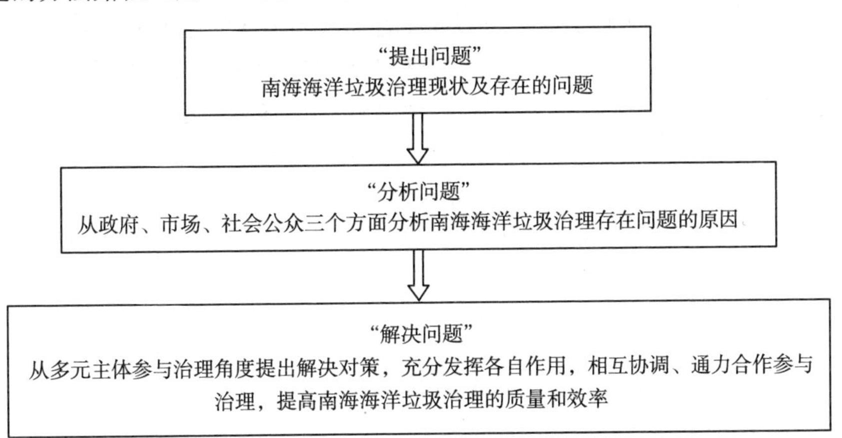

图 4－2　技术路线

人类活动是导致南海海域海洋垃圾污染问题的主要原因，例如渔业活动、船舶作业、海上旅游等都会对海洋环境造成影响。此外，南海海域所处的气候和地理环境也会对海洋垃圾污染问题的产生和发展产生影响。

为了解决南海海域海洋垃圾污染问题，需要采取以下措施：①加强海洋垃圾管理。包括加强垃圾收集、分类、处理等方面的工作，减少海洋垃圾的产生和对海洋环境的影响。②推动海洋环境保护。包括限制捕捞、禁止滥捕、限制海洋污染等方面的工作，保护海洋生态环境和生物资源。③促进国际合作。推动各国共同应对海洋垃圾污染问题，加强信息交流和技术合作，共同推动海洋环境保护事业的发展。

第四节　海洋区域人地关系分析

一、海洋区域人地关系概念和内涵

（一）人地关系

人地关系问题一直以来都是引人注目的问题。人地关系是人类社会的基本关系，针对人地关系的研究是人文地理学的中心课题，人地关系论是人文地理学的基本理论。研究人地关系对于人类社会发展有广泛而深远的重要意义。

（二）海洋区域人地关系

海洋区域人地关系有时又称作人海关系，是人地关系中的一个延伸和分支。海洋区域的界定有两种，一是单纯的海洋，二是包括海岛、礁石、海滩海岸及其相邻海洋在内。故海洋区域人地关系狭义上是指利用人地关系理论与方法，研究海洋与人类之间的相互关联和作用；广义上是指人类在沿海地区或者海岛、礁石及其邻接海洋中进行的开发、利用等经济活动与海洋产生的相互作用和影响的关系。分析海洋人地关系，可以基于普通人地关系的相关理论进行延伸。

海洋区域人地关系由海洋地理环境和人类活动两个不同的因素组成，但两者又相互联系、循环交错构成动态耦合系统。海洋区域人地关系系统主要内容包括两个方面：一是海洋人文环境系统，二是海洋自然环境系统。对海洋区域人地关系的研究，可以帮助我们了解人类活动对海洋生态系统和环境的影响，同时也可以为海洋资源的合理利用和可持续发展提供科学依据和决策支持。海洋区域人地关系主要研究方法有案例分析法、区域调查法、地理模型法、空间分析法、文献调查法以及新兴的耦合协调度研究方法等。

二、海洋区域人地关系基础理论

（一）海洋人地关系思想

（1）环境决定论

环境决定论强调自然环境对人类社会经济发展起到决定性作用。该思想起源于西方，早期的环境决定论者认为，地理环境不仅影响人类的体格状况，还可以影响人类的思维、气质与精神。代表人物有亚里士多德、柏拉图等。环境决定论过分夸大了环境的作用，没有正确认识到人类的主观能动性，没有察觉环境与人类社会之间是相互交织、互相影响的。

（2）可能论

也称作或然论，它没有强调环境在人地关系中起决定性作用，而是强调人类对自然环境的适应和利用方面的选择能力。法国的白兰士为这一学派代表人物。这一学派认为，人与环境关系中，人具有积极选择和适应的能力，环境并不是唯一起决定性作用的因素。自然环境的存在为人类创造诸多可能性，人类则按自身情况和发展目标做出选择，使之变成现实。可能论弥补了环境决定论一定的缺陷，但只将人类心理因素看作环境和人类社会的中介，未能跳出将人地关系看作是因果关系的思想桎梏。

（3）适应论

持这一论点的人承认自然环境对人有直接影响，但同时人对自然环境也有适应能力。他们强调人类对自然的适应是被动的，是出自自身发展的一种客观需要，而非可能论者所说的心理因素。

（4）文化决定论

这一流派认为技术进步是促进文化发展的最重要因素，它促使文化进步，加强了人对自然环境的控制能力。文化决定论促使近代人类社会对自然环境无节制索取，征服自然的思想盛极一时。但当人类面临自然环境恶化、资源枯竭时，这一理论就暴露出其脆弱的一面。

（5）环境感知论

这一流派认为人对自然环境中各种可能性的选择并不是随意无规律的，而是受其意识思想的支配，这种意识和思想就是环境感知。这一流派主张以心理学方法来分析人地关系。

（6）协调论

协调就是和谐，和谐论者认为，在人地关系中有两个方面，其一是人类顺应自然规律，合理开发利用自然环境，其二是对已遭受破坏的不合理不协调的人地关系进行优化。协调论主张人地关系系统是个复杂的系统，它服从三条规律：一是其内部各要素相互作用。二是系统内对立统一的双方相互依存。三是系统内任何要素不可能无限制发展，且不能以其他要素牺牲为代价。所以这一流派认为人应该与自然环境和谐互惠。

（二）海洋人地关系地域系统

人地关系地域系统是吴传钧院士对地理科学做出的巨大贡献。它是地理学和人地关系研究的核心，是以一定地域为范围的人地关系系统论，也就是人在圈定的范围中与环境相互联系、作用、影响而形成的一个动态结构。维系这种动态结构的是在特定规律中，人地系统之间各种要素不断进行物质流、信息流、人口流等“流”的交换。海洋人地关系地域系统也称作人海关系地域系统，就是以海洋区域为环境的人海关系系统，这个系统包括人类社会与海洋环境两方面。

人地关系地域系统从相对意义上看亦有封闭式与开放式的区分，所谓封闭式人地关系地域系统，是指一个人地关系系统仅限定在某个区域内，其内部人类活动、经济社会发展、环境资源等进行互相沟通交流，相互影响依存，与外部地域缺乏联系。而所谓开放式人地关系地域系统，在做到其内部要素相互影响的基础上，同样与外部区域进行要素交流，在更广泛地域关联中得到系统性的发展。因为当今世界科技水平、社会发展程度高，现今所讨论的区域人地关系系统多为开放式。海洋人地关系地域系统就是在人地关系地域系统理论基础上，将区域限定在海洋区域内而形成的特殊人地关系系统，简称人海关系地域系统。

刘天宝认为海洋人地关系地域系统由第一、第二、第三、第四海洋，即自然、人工、关系和观念海洋等四部分组成。从系统角度看，一般认为包括海洋地理环境和人类活动两个子系统，它们以一定的结构和机制，相互交错影响，相互进行物质循环和能量交流，形成系统发展变化的机制。因开放式的海洋区域人地关系较为普遍，所以下文仅分析开放式海洋人地关系地域系统的特征，具体特征有开放性、社会性、开发性和协调性。

（1）开放性

随着诸次工业革命的兴起，科技日新月异。随着当代全球化、现代化的扩张，以及伴随的社会、经济、军事、环境等问题出现，各国或地区互相交流。海洋人地关系地域系统的开放，早伴随着工业革命兴起与大航海时代就已出现。也就是说，每个地域都有自身发展的需要或者利益。各海洋区域，虽有各自利益的考量，但不意味着它们是封闭性的，因为各地资源要素禀赋不同，存在不同区位优势，任何区域与其他区域相比都不是完美的。而为了获得最大利益，各区域会在开放中进行要素的交流以达成优势互补。从开放的空间上看，开放也分国内开放与国际开放，从开放内容上看，分经济、文化等方面。经济因素是促使海洋人地关系地域系统开放的主要动因。经济因素有资金、技术、资源、劳务、商品、金融等，在不同区域之间形成双向输出和输入的关系。文化因素是各区域伴随经济交流，在自身文化基础上吸收和融合其他地域先进文化。

（2）社会性

在任何人地关系系统中，最重要的还是人类社会的需求和发展。人类的需求是伴随社会的生产力水平而发展的。在周朝，诸侯国齐国即有“鱼盐之利”，也就是渔业和晒盐业。但受限于生产力水平，也仅仅如此。而工业革命后，人类进入工业社会，涌现各种现代工业技术，如电气业、造船业、机械工业等，除获得最基础的水产品与海产品外，还大量开发包括石油、天然气、有色金属在内的海洋不可再生能源。同时随着海洋区域内人口增多，不仅不可再生资源面临枯竭，可再生资源也接近或者超过承载极限，工业生产各种废弃物向海洋大量排放，海水富营养化、赤潮、海岸侵蚀、海洋生物灭绝等问题严重。这使得海洋环境问题成为社会问题，需要人类社会达到与海洋环境的平衡。

(3) 开发性

海洋人地关系地域系统的存在和发展，是维持在人类的开发活动上的。人类还未出现时，海洋区域并无开发，也就不存在海洋区域人地关系系统。经济开发是海洋人地关系地域系统内的主要开发形式。经济开发是实现区域经济增长的主要手段，从可持续角度看，对海洋的开发应注重经济、生态和社会三者的统一。我国是发展中国家，目前以及未来很长一段时间内，我国必须将经济建设作为第一要务，在对海洋进行开发的基础上，维持一个较高的经济增长水平，才能有资金有技术解决海洋环境问题。但并不等于说先牺牲后治理，目前我国追求经济高质量发展与环境的平衡，为两者兼顾的发展模式。

(4) 协调性

协调就是海洋人地关系地域系统内部满足人类发展需求的各类社会活动，以保护自然环境为基础使整个系统协调发展。人类活动主导这个协调的过程，人类活动的协调主要指人口生产、物质生产、文化生产等的协调。

三、典型案例：舟山群岛人海关系分析

(一) 舟山群岛人海关系概况

(1) 地理位置

舟山市位于浙江省舟山群岛，地处东经121°30′～123°25′，北纬29°32′～31°04′，东西长182千米，南北宽169千米，有大小岛屿共计2 085个，海域面积约2.08万千米^2，陆地面积约1 459千米^2。舟山本岛面积为503千米^2，为我国第四大岛（数据来源：舟山市人民政府官网和舟山市统计局官网）。

(2) 行政区划

舟山市属于浙江省下辖地级市，目前行政区划有两区两县，分别是定海区、普陀区、岱山县、嵊泗县，共计14个街道、17个镇以及5个乡。

(3) 人口和民族

2023年末，舟山市常住人口约117.3万人，比上一年增加0.3万人，城镇化率为74%，比上年提高0.8个百分点（数据来源：舟山市人民政府官网）。

(4) 经济发展

2023年，舟山市地区生产总值为2 100.8亿元，按可比价格计算，比上年增长8.2%。分产业看，第一产业增加值183.8亿元，增长4.0%；第二产业增加值1 004.3亿元，增长10.6%；第三产业增加值912.7亿元，增长6.5%。三次产业增加值结构为8.7∶47.9∶43.4。人均地区生产总值17.9万

元，增长7.9%。全年财政总收入529.9亿元，比上年增长30.0%；一般公共预算收入193.5亿元，增长23.9%。全年全体居民人均可支配收入68 110元，比上年增长6.7%（数据来源：舟山市人民政府官网）。

（5）舟山市海域利用状况

舟山海洋区域功能区划总体结构为“五类四级”。五类即开发利用类、治理保护类、自然保护类、保留类、特殊功能类。四级从宏观到微观分成类、亚类、型、区四个结构级别。本文依照舟山市海域利用区划实际情况，采取五类四级分类整理方式，排列了舟山海域功能利用表。具体区划类型见表4-2。

表4-2　舟山市海洋功能区划分类级别

类	亚类	型	区
开发利用类	空间资源开发利用亚类	航运开发利用型	港口区、航道区、锚地区
		旅游开发利用型	度假旅游区、风景旅游区
		围海开发型	围海造地区
		海上工程开发利用型	海底管线区、跨海桥梁区
		工业和城镇开发型	渔港和渔业设施基地建设区
	矿产资源开发利用亚类	矿产开发型	固体矿产区、油气区、石油平台区
	渔业资源开发利用亚类	水产养殖型	养殖区、增殖区
		海洋捕捞型	捕捞区
	化学资源开发利用亚类	盐业开发型	盐田区
	可再生能源开发利用亚类	海洋能源开发型	潮流能区、潮汐能区
		风能开发型	风能区
治理保护类	资源恢复与保护亚类	渔业资源保护型	重要渔业品种保护区
	防灾减灾亚类	海岸防灾减灾型	海岸防护工程区
自然保护类	生态系统保护亚类	生态系统保护型	生物物种自然保护区、海洋和海岸自然生态保护区、海洋特别保护区
	自然历史遗迹保护亚类	自然遗迹保护型	自然遗迹和非生物资源保护区
保留类			保留区
特殊功能类			倾倒区、排污区、科学试验区、其他工程用海区、海水综合利用区

舟山市是典型的海岛城市，水多地少，伴随着经济社会发展和城镇化进程速度加快，以及不断涌入舟山的外来人口增多，人们对海域资源的需求日益增长，这使研究舟山海域人海关系显得尤为重要。科学地研究和评价舟山市的海洋区域人地关系，不仅有助于了解舟山市自身发展的态势，还有助于了解我国其他海岛及其海域的人地关系发展及趋势，为促进我国沿海经济全面协调发展提供科学依据。

海域的使用，指人类依照海域的区位及其资源优势，在海域上进行活动与生产而对海洋进行的占据与使用。海域的利用包括对海上、海底以及海洋水体的利用。据统计，截至2020年末，舟山市已确权的海域使用面积为2.5万公顷，未确权的使用面积为36.1万公顷，所用面积共占舟山市海域总面积的18.5%。在各县市中，定海区海域使用率最高，为28.6%，其次是嵊泗县（20.2%）、岱山县（19.3%）、普陀区（13.1%）（数据来源：舟山市自然资源和规划局）。在空间分布上，舟山市海域开发主要倾靠于海岸线一侧。舟山市海域开发利用类型齐全多样，但有规律可循。舟山海域开发总体上，北方以渔业为主，中部以工业和城镇开发为主，南部以旅游、渔港以及港口航运为主，拥有丰富的海洋资源和独特的海洋人地关系。以下是关于舟山市海洋人地关系的一些方面。

渔业资源：舟山市是我国最大的渔业基地之一，拥有丰富的渔业资源。当地的渔民依赖海洋捕捞为生，渔业产值对当地经济发展起到了重要支撑作用。舟山市积极采取措施保护渔业资源，推动可持续发展。

海洋旅游：舟山市拥有美丽的海岛景区，吸引着大量的游客前来观光和度假。海洋旅游业的发展为当地带来了经济收入，但也需要注意保护海洋生态环境，避免过度开发对海洋生态系统造成不可逆转的破坏。

海洋环境保护：舟山市积极加强海洋环境保护工作，加强海洋污染治理，推动海洋生态系统的保护和恢复。通过加强污水处理、垃圾分类和管理、沿海植被恢复等措施，努力改善海洋环境质量。

从区域看，许多专家学者从海域利用和海洋资源视角研究我国沿海省市的人海关系以及沿海土地承载能力。如刘小丁研究广东省海岸带地区的资源环境承载能力，苏玉同从海洋生物资源视角研究海洋生态承载能力，卫宝泉在海洋功能区划基础上研究海岸开发承载能力等。

（二）基于海域利用状况的人海关系分析

（1）指标体系的构建

人地关系地域系统由人类社会和资源环境两个子系统构成，因此从这两个方面出发，结合已有的研究和得到的可行性数据，遵循科学、系统、全面的原则，构建了由捕捞品产量、养殖品产量、近岸水体富营养化面积比例、劣四类海水面积比例、治水治污项目数量、远洋渔业产量等6项指标组成的“舟山海洋环境资源系统”和由人口总数、旅游收入、进出口货运量、城镇化率、人均水产品量、人均可支配收入等6项指标构成的“舟山人类社会经济发展系统”，共12个指标，组成“舟山海洋环境资源-人类社会发展耦合协调评价体系”。

（2）数据来源

本文所选取数据主要来自2018—2022年的《舟山生态环境状况公报》《舟山国民经济和社会发展统计公报》等，部分来自各类政府网站。对于缺失数据，采用该指标在2018—2022年的平均值予以补充。

（3）研究方法

采用熵权法（Entropy Weight Method）计算指标权重，以表示该指标在指标体系中的相对重要程度。熵权法是一种多准则决策分析方法，旨在确定决策指标的权重。该方法基于信息熵的概念，将信息熵应用于权重计算过程中。

“熵”是信息理论中的一个概念，用来描述信息的不确定性和随机性。在熵权法中，熵被用来度量每个决策指标对于决策问题的重要程度和信息量。用熵值确定权重，既可以克服主观赋权法无法避免的随机性问题，又可以解决多指标变量间信息的重叠问题，如表4-3所示。

表4-3　舟山市舟山海洋环境资源-人类社会经济发展耦合协调评价指标体系

	指标	属性	权重
海洋环境资源系统	捕捞品产量（万吨）	负	0.834
	养殖品产量（万吨）	正	0.820
	近岸水体富营养化面积比例（%）	负	0.843
	劣四类海水面积比例（%）	负	0.827
	治水治污项目数量（个）	正	0.840
	远洋渔业产量（万吨）	正	0.837
人类社会经济发展系统	人口总数	负	0.838
	旅游收入（亿元）	正	0.824
	进出口货运量（万吨）	正	0.833
	城镇化率（%）	正	0.827
	人均水产品量（万吨）	正	0.841
	人均可支配收入（元）	正	0.835

计算各指标的分、两个子系统的分，最后计算出舟山海洋人地关系地域系统内两个子系统的耦合度、协调度以及耦合协调度，如表4-4所示。

表 4-4　舟山海洋人地关系地域系统子系统的耦合度、协调度以及耦合协调度

时间	耦合度	协调度	耦合协调度
2018 年	0.991 242	0.420 296	0.416 615
2019 年	0.998 676	0.417 406	0.416 854
2020 年	0.996 3	0.545 333	0.543 316
2021 年	0.999 48	0.562 015	0.561 723
2022 年	0.998 095	0.555 37	0.554 312

对照表 4-4，得出表 4-5。

表 4-5　舟山海洋人地关系地域系统子系统的耦合协调度评价

时间	耦合协调度	状况
2018 年	0.416 615	濒临失调
2019 年	0.416 854	濒临失调
2020 年	0.543 316	勉强协调
2021 年	0.561 723	勉强协调
2022 年	0.554 312	勉强协调

（4）具体分析

目前舟山市人类社会活动与海洋区域资源有非常高的耦合度，两者相关性极高。究其原因应该在于舟山市属于海岛城市，人类社会活动不可避免地与海洋相关联。而舟山市的海洋人地关系处于勉强协调阶段，5 年内海洋人地关系协调程度有较大进步，2019 年前处于濒临失调阶段，2020—2022 年处于勉强协调阶段。其原因可能有：①疫情带来的影响。疫情致使舟山旅游大幅度衰退，海洋旅游等收入大幅缩水，海洋上人类活动频率衰减，人海关系发展趋于和谐。②舟山近年经济发展迅猛，市财政对污水治理与管控投入快速增加，取得了明显成效。③舟山附近海域处于近杭州湾范围，钱塘江沿岸属于浙江经济高度发达地区，大量生活废水、工业排污以及泥沙随钱塘江注入东海，舟山海域污染情况受此决定性影响，水质状况一直不尽如人意。但随着区域经济增长、国民环保意识提升，以及各类治污治水的政策和项目的实施，以舟山为代表的我国沿海及海岛城市的人地关系会逐渐缓和，人与自然也会和谐共生。

第五章　海洋主体功能区

2006年，我国发布了《中华人民共和国国民经济和社会发展第十一个五年规划纲要》，意在综合考量未来的经济、社会、文化等多方面因素，结合当前的资源环境状况，对全国的国土空间进行综合规划，把它们划分成四类：优化开发、重点保护、限制和禁止开发，同时，结合各地方的实际情况，实施相应的地方政策，实施绩效评估、综合管理，以实现全面小康社会的目标。为了更好地实施，我们必须建立健全有效的空间管控机制，确保建立健全的空间开发结构，从而促进全面建设小康社会。此外，为了更好地落实“十一五”规划，必须根据不断改进的地区性法律法规制定更有效的地方性法规，促进地方的可持续健康发展。

2010年12月，《全国主体功能区规划》正式印发，并在《国民经济和社会发展第十一个五年规划纲要》基础上，对全国国土空间布局办法进行了全面、系统的研究。《全国主体功能区规划》指出，应该在各地区的资源环境承载能力、现有开发强度和发展潜力的基础上，综合规划我国未来经济布局、人口分布、国土利用及城镇化格局，以明确各地主体功能，并在此基础上对开发的方向和政策进行明确，从而推动主体功能区的形成，并指导全国国土空间开发的战略设计和总体布局，这既是理论的创新，又是实践的创新。

2015年8月，《全国海洋主体功能区规划》的出台，为我国陆地和海洋的一体化可持续发展提供了重要的保障，使得国家的海洋和陆地资源得到有效保护和利用。目前，福建省等沿海省份的海洋和陆地资源保护和可持续利用的相关政策和措施正在不断完善。“十三五”时期对于构筑完善的海洋主体功能区至关重要，因而，对其划分的深入探索和分析显得尤其迫切，以便更好地推进海洋生态文明建设，提高可持续发展水平。

经过仔细梳理相关的文献，当前规划仍然存在着诸多缺陷：①研究单元。海洋主体功能区的规划存在海洋限制的行政界线，而忽略了海洋生态系统的复杂性，这使得管理活动的实施变得更加困难。②评价尺度。在衡量海洋主要功能的标准上，以县级行政单元为主体的功能定位对于海域使用管理和空间管控缺乏精准性和可操作性，无法依靠岸边的实际使用情况来确定其功能的分配与监督。③陆地与海洋关系。海洋主体功能区划尚未覆盖周边陆地，这使得它们与陆地规划存在明显的差异。但是，通过实施全面的空间规划，我们可以有效地将土地资源环境一体化管理与沿海地区一体化管理结合起来，从而实现更加完善的管理。④评价体系。目前我们所使用的评估体系并没有充分考虑陆海统筹，但实际上，陆海之间并非完全隔绝，因此，我们必须建立一个陆海统筹的评估体系，以便更好地实现整体规划。

通过对海洋主体功能区的全面研究，党中央、国务院明确提出了加快建设海洋强国的宏伟目标，并将其作为当前全民共同努力的重点任务。通过建设海洋强国重大战略决策的全面推进，以及全面组织实施全国海洋主体功能区规划，将对推动海洋管理、海洋事业的可持续发展、提高海域在国内外的地位、维护海洋强国战略的落实、加强海域宏观调控、完善综合管理，以及推动沿海地区经济社会的可持续、高质量的发展，从而对我国在国际竞争舞台上的综合实力的提高、全球知名度的加强，以及落实国家的发展策略都起到重要的意义。

目前，关于海洋主体功能区划的理论与技术，国内外尚未形成整体化的研究体系，我国尚未建立起完善的区划体系，也缺少相关的实践经验。因此，我们需要采取一些措施来解决这一问题，比如，利用现代技术建立起完善的区划体系，应用创新理论指导海洋功能区划，将理论和技术有效地结合以解决相关问题。

首先，通过深入探索，开展海洋主体功能区划理论与技术方法的研究，不仅可以更好地理解主体功能区的概念，而且可以将主体功能区的思想理念运用到我国海洋中，并以我国海洋的特点为依据，对海洋主体功能区划的理论和方法进行研究。这是一项具有创新性的研究，它不仅能够为空间规划学科领域的发展提供更多的借鉴，还能够为主体功能区划与海洋区划的理论和方法体系奠定基础。

其次，通过对海洋主体功能区划理论与技术方法的深入探索，不仅能够扩大海洋的利用范围，还能够调整海洋经济布局，从而更好地加快海洋经济发展方式转变。此外，它还能够促进产业结构优化升级，更好地保护和利用海洋资源，从而提高海洋的资源利用效率。一方面，虽然我国的许多海洋开采活动都集中于近岸地带，但是对于特定的经济区、大陆架区域以及其他海域以外的其他资源开发几乎没有太多的投入，那么这些地带的资源将会变得非常稀缺。因此，有必要对现有的海洋开发模式加以改善，并且鼓励对边远岛及其周边偏远的海域进行研究与开发。另一方面，随着“工业滨海化”“滨海重工化”的推行，滨海地区的海洋产业迅猛增长，其中包括能源开采、重化工产业以及与之相关的城镇建设，这些地区的安全性以及生产隐患可能导致的重大环境灾害等问题日益凸显，因此，必须加强实施海洋功能区划的管理，并且优化城镇的空间结构。

最后，从外部影响的角度来看，实施海洋主体功能区划，这不仅是我国对管辖海域进行开发和建设的战略部署，还为我国海洋事业持续健康发展提供一种有效的规划，并为我国维护海洋事业提供一种有效的支持，更为世界各地维护领海主权、促进海洋可持续发展提供一种有效的方法。因此，对于海洋主体功能区划进行深入的研究对于我国来说具有重要的战略意义。

第一节　规划的意义、原则、理论与方法

一、海洋主体功能区规划的意义、原则

（一）海洋主体功能区规划意义

海洋主体功能区规划是指对一定海域范围内的海洋生态系统、经济系统、社会系统和环境系统等各个方面的功能进行全面整合，挖掘出此海洋区域的环境资源承载能力、开发深度强度和未来发展潜力，并最终将其划分成禁止开发、限制开发、重点开发和优化开发的几类海洋主体功能区，以确定各个区域的主导功能和发展方向。海洋主体功能区制度旨在通过政策机制，指导和制约各地区，按照其海洋主体功能，对其进行规划、管理、利用和保护，其突出特征是综合性和差异性。

海洋是流动的水体，具有开放性、流动性的特征，与陆地相比具有截然不同的属性：一是边界的特殊性。海洋国土空间的地理边界没有明显的标志，且不同海域边界有不同的主权权利。边界的特殊性对海洋主体功能区规划过程中评价单元设定与最终区划边界的确定提出了更高的要求。二是海陆交互性。海洋与陆地两个系统在资源、环境和社会经济发展等方面存在着既联系又制约的关系。在海洋主体功能区规划时应充分考虑陆域与海洋的相互影响。三是不涉及人口承接与转移。受海洋地理环境的制约，人类不适宜在海洋上居住与生活，因此海洋主体功能区划与陆域区划不同，不涉及人口的承接与转移问题，但在具体分析时应充分考虑陆域人口对海洋的影响。

基于海洋区域的特殊性，国家根据生态环境的重要性和自然属性，将全国海洋国土空间划分为8类主要海洋功能区（农渔业区、港口航运区、工业与城镇用海区、矿产与能源区、旅游休闲娱乐区、海洋保护区、特殊利用区、保留区）。这些功能区的划分是基于我国的海洋资源与环境现状，旨在实现海洋资源的可持续利用和生态环境的保护。实施海洋主体功能区规划，是树立基于生态系统的海洋管理理念，全面推动海洋综合管理改革与创新的迫切要求。面对新常态下日益多样化的生产、生活和生态用海要求给传统海洋资源供给方式带来的全新挑战，开展基于生态系统的海洋综合管理并依据海洋资源环境承载力确定主体功能区位置，将海洋资源供给从生产要素转变为消费要素，以海洋资

源环境保护引领沿海地区经济社会可持续发展。

海洋主体功能区的主要任务是保护和改善海洋生态环境，保护海洋生物多样性和海洋文化遗产，维护海洋权益和国家安全，推进海洋经济和科技发展。同时，海洋主体功能区也提出了一系列具体的目标和任务，例如保护海洋生态系统的完整性和稳定性，推进海洋资源的可持续利用等。

（二）海洋主体功能区规划原则

海洋主体功能区规划遵循陆海统筹和保护性的原则，即要兼顾海洋生态系统与陆地生态系统的平衡，以及海洋经济发展与生态环境保护的协调。海洋和陆地生态系统是相互联系、相互影响的，维护海洋生态系统的健康和稳定需要保护陆地生态系统的生态平衡。同时，海洋经济的发展需要有良好的生态环境作为支撑。因此，海洋主体功能区的划分需要平衡海洋资源的开发利用与生态环境的保护。

海洋主体功能区规划需要体现出合理性原则。海洋资源是人类社会生存和发展必不可少的物质基础，但是过度的开发利用会导致海洋生态系统的破坏和环境污染。因此，在海洋主体功能区的划分中，需要优化海洋开发的方式和强度，限制高强度、高污染的开发活动，保护海洋生态系统的完整性和稳定性。

海洋主体功能区规划需要考虑经济、社会和科技等方面的因素。经济发展是人类社会发展的重要目标，因此在海洋主体功能区的划分中，需要考虑海洋经济的发展需要与生态环境的保护之间的平衡。同时，也需要考虑社会和科技因素，以便更好地协调海洋资源开发与生态环境保护的可持续发展。

此外，海洋主体功能区的划分和管理需要依托法律和规划等手段，并遵照法律原则来实现。我国政府已经颁布相关海洋主体功能区的法律和政策计划，例如《全国海洋主体功能区规划》《中华人民共和国海洋环境保护法》等。同时，各级政府和相关部门也在积极推进海洋主体功能区的实施和管理，通过加强监管和执法，确保海洋资源的合理利用和生态环境的良性发展。

二、海洋主体功能区规划的基本理论

（一）区域发展理论

海洋主体功能区划基于“人地关系”的区域发展模式。区域经济增长并不是在各个地区同时发生的，而是先在某些地区以不同的强度表现出来，再通过不同的途径扩散到其他地区，从而对地区整体经济造成不同的影响。一个地区的经济发展对周边地区的影响有两种，一种是扩散效应，另一种是极化效应。区域发展最终影响的是整个海洋体系的发展方向和阶段，单个区域并不能脱离海洋这个大型区域。

（二）海洋和泛海经济系统规划理论

海洋和泛海经济系统规划的目标是长期实现海洋经济的发展，海洋并不是孤立的生态组成部分，自然生态圈是一个密不可分的整体，滨海、半岛、海岛等都属于海洋经济系统的组成部分。其主要任务包括合理开发海洋资源、提高海洋经济的质量和效益等。海洋经济规划评价是指依据相关的技术标准，采用合理的科学方法，对其实施情况、实施效果和结果进行分析和综合的一种手段。

（三）人地关系地域系统理论

人地关系地域系统基于海洋总体、生物群体和人类个体之间的同一性来探究海洋问题的本质，从主体间的客观关系出发，将防止海洋污染、海洋生态保护与人类社会发展统筹考虑。要注意的是该理论体系不绝对否定海洋污染的存在，也就是说一定的海洋污染在海洋生态系统中是可承载且有助于经济发展的，但是要在可限的背景下。

（四）福祉地理学理论

福祉地理学理论运用在海洋主体功能区上的目标是保护和改善海洋地理环境质量。海洋生态是海洋福祉的一个组成部分，海洋环境理论更多关注的是生态环境保护部分，而不是海洋资源与海洋经济结合并可持续发展的部分。福祉地理学是人文地理学的分支学科，人文地理学的研究范式和研究框架深刻影响着福祉地理学。其主要任务包括防止和减少海洋污染，治理和改善海洋生态环境，保护海洋自然资源，维护海洋环境的健康和稳定。

（五）海洋环境承载能力理论

海洋环境承载能力是指海洋环境所能承受的最大负荷能力。这种负荷包括物理、化学、生物等方面的因素，如海水温度、盐度、化学成分、生物种类等。海洋环境承载能力是海洋资源开发和利用及海洋主体功能区规划的基础，可持续性发展的开发底线在于海洋环境的承载力。

（六）生态系统理论

生态系统理论将个体的生态演化、机理演进延伸传导到整个生物社会中。对于人类来说可以认为是社会生态论和自然生态论的联结部分，而海洋生态系统理论则可以看作是海洋系统演变的体系性建设根本概论，一方面将海洋与自然体系相结合，另一方面把影响海洋发展的各项基本因素概括为生态系统的必备条件。

三、海洋主体功能区规划的方法

（一）环境影响评价

环境影响评价是海洋主体功能区规划的基础和核心。在进行海洋主体功能区规划之前，必须进行环境影响评价，确定海洋生态系统、经济系统、社会系统等各个方面的环境影响，从而制定出相应的环境保护和治理措施，确保规划目标的实现。

（二）空间规划

主体功能区划的科学基础除“因地制宜”概念及其有关理论方法之外，还有一个重要科学基础是“空间结构有序法则”。主体功能区划既应“因地制宜”，又应有利于中国区域发展格局在空间结构其他层面的有序演化。空间规划是将海洋主体功能区规划的各种要素，如生态系统、经济系统、社会系统和环境系统等，按照一定的空间分布和规划要求，制定出相应的空间结构和布局。空间规划主要包括海岸带开发利用规划、海岛开发利用规划、海洋生态系统保护规划等。

（三）经济分析

经济分析是海洋主体功能区规划的重要方法之一。当前，我国海洋经济发展质量和海洋强国建设目标极不匹配。海洋强国的建设必然需要海洋经济的质量和水平。但海洋经济高质量发展要求优化各种影响因素，同时海洋资源各个要素的投入量直接决定了海洋经济高质量发展的规模、效率与速度。在进行经济分析时，需要考虑海洋资源的开发利用、海洋产业的结构优化、海洋经济的可持续发展等方面。经济分析主要包括经济效益分析、生态效益分析、社会效益分析等。

（四）建立数学模型

建立数学模型是海洋主体功能区规划的重要方法之一。通过建立相应的数学模型，可以更加科学、准确地预测和分析海洋生态系统、经济系统、社会系统和环境系统等各个方面的变化趋势和规律，从而制定出更加科学、合理的海洋主体功能区规划方案。

（五）海洋资源与环境承载力分析

在进行海洋主体功能区规划时，通过对海洋环境和资源的状况进行分析，确定海洋资源和环境所能承受的极限，以及合理利用和保护海洋资源和环境所能达到的最大程度。该方法主要包括：①环境调查。对海洋环境进行调查和监测，了解海洋环境的质量现状、变化趋势以及影响因素等。②资源评价。对海洋资源进行评价和估算，确定海洋资源的种类、数量、质量、分布特点，以及资源的开发利用现状和潜力等。③环境承载力分析。对海洋环境和资源的承载力进行分析，确定海洋环境和资源所能承受的最大负荷能力。④资源环境协调。在确定海洋资源和环境所能承受的极限的基础上，寻求资源开发与环境保护的平衡点，确定海洋主体功能区的范围和功能定位。运用环境承载力分析方法对我国区域资源环境承载能力进行客观判断，以制定科学解决方案，全面提升资源环境承载能力。

（六）海洋生态系统服务功能评价

海洋生态系统服务功能评价步骤主要包括：①确定生态系统服务类型。根据海洋生态系统的结构和功能，确定其提供的各种生态系统服务类型，如水产品、旅游等。②确定生态系统服务的数量和质量。通过对海洋生态系统的调查和监测，确定其服务的数量和质量。③计算生态系统服务的价值。通过市场调查和相关参数的确定，计算海洋生态系统服务的价值。④评价生态系统服务的质量。对海洋生态系统服务的价值进行评价和估算，确定其对人类社会的价值和贡献。

第二节　国际经验

一、国外海洋主体功能区规划实践的趋势

海洋主体功能区规划是我国根据当前的发展阶段和水平提出的具有明显阶段性和中国特色的概念，目前国际上对此研究较少，没有专门用以借鉴的海洋主体功能规划模式。但国外的海洋空间规划发展历程和经验，对我国开展海洋主体功能规划有重要的参考意义。

近年来，世界上一些先进的海洋国家纷纷将海洋空间规划（MSP）概念引入其研究中，并逐步得到了学界的认同。李生辉认为 MSP 的发展阶段可以分为概念萌芽期（1966—2005 年）、初步发展期（2006—2013 年）、和快速成长期（2014 年至今）等三个阶段，并以第一届海洋空间规划国际研讨会的召开（2006 年）和欧盟《海洋空间规划指令》的颁布（2014 年）为阶段发展里程碑。随着理论体系的完善，理论执行、框架搭建、指标构建、分级研究等关键点出现，与此同时，管理的适应性、协同等也登上舞台，MSP 的理论更加成熟，实际化程度越来越高。自 2014 年后，MSP 的研究更趋于多元化，将自然生态的保护与环境影响评价等各种领域进行融合，并应用多种工具与方法对 MSP 进行管理，随之跨界管理也呈现出新的发展趋势。基于生态系统的管理（EBM）开始主导各海洋强国在海域管理上的方向，形成主流趋势，尤其是美、英等国把 EBM 作为海域管理的指导思想融入海洋政策中。

二、国际海洋规划实践和规划体系

（一）美国

美国是国际上制定海洋规划最早和最多的国家。美国的海洋空间规划体系以美国国家海洋和大气管理局为平台，同时兼顾经济、文化、社会和区域因素。其海洋规划体系横跨联邦、州、地区等多个层面，各州没有全面、集中、

单一的规划体系，其最大的特点是以自下而上的方式，紧密结合经济需求、人口需求和政府行政特点，形成多样化、有序化的规划体系（图 5-1）。以下是美国几个地区的详细规划体系。

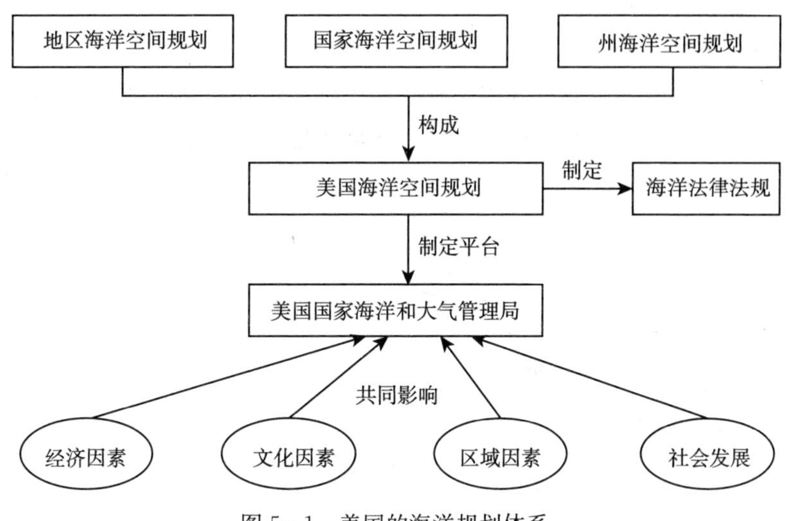

图 5-1 美国的海洋规划体系

美国东北部使用海洋数据网站为海洋空间规划提供支持。网站提供所需的数据、交互式地图和工具等资料，显示生态系统丰富多样以及人与环境资源之间互动的各种模式，提供易于操作、全面和自由的数据、资料和手段。美国东北海域的远洋航天计划有如下特征：首先是以生态环境为基础的海洋管理。美国东北海域更重视健全的海洋与近海生态系统，在此基础上，应该尽可能地减少或避免对海洋生态系统产生的不利影响，并将这些不利影响与预防原则及对海洋生态系统的管理相一致。其次是各政府之间的协调监督，表现在三个层面，即联邦各部门之间的协调、联邦各代表之间的协调和联邦各州之间的协调，通过各个机构之间充分协调和其他途径做出有效决定。最后是美国东北部地区进行海洋空间规划的同时，定期对跟踪目标达成情况进行评价。

美国夏威夷州的海洋空间规划与其州海岸带政策密切相关，在此基础上制定和执行海洋管理政策，主要坚持两条方针：一是保护海洋环境，二是发展海洋经济。夏威夷海域被划分为若干个具有代表性的海域资源区，根据各个海域相应资源特性制定相应的管理政策。例如，历史资源区主要用于与保护该地区历史和文化有关的活动；经济发展区主要用于与发展港口、航运和其他海洋产业有关的开发和使用活动。此外，考虑到特定海洋生态系统和海洋资源的脆弱性，设立了特别管理区。所有活动未经主管公共当局同意，严禁在这些区域内的海洋和邻近陆地区域开展活动，这是特别管理区的特殊点所在。

同样，阿拉斯加州的海岸带管理计划和夏威夷海域如出一辙，同样是根据不同海岸带资源区的特点，将其分区分块，独立制定管理目标和政策活动。美国《海岸带管理法》规定，3 海里范围内的水域归各州管理，超过 3 海里范围的水域归联邦政府管理。

（二）英国

英国海洋空间规划制度的提出建立在英国土地利用规划制度上，同时融入海洋的特征，是一个由联邦、构成国、区域和地方四个不同等级组成的海洋空间规划系统（图 5－2）。

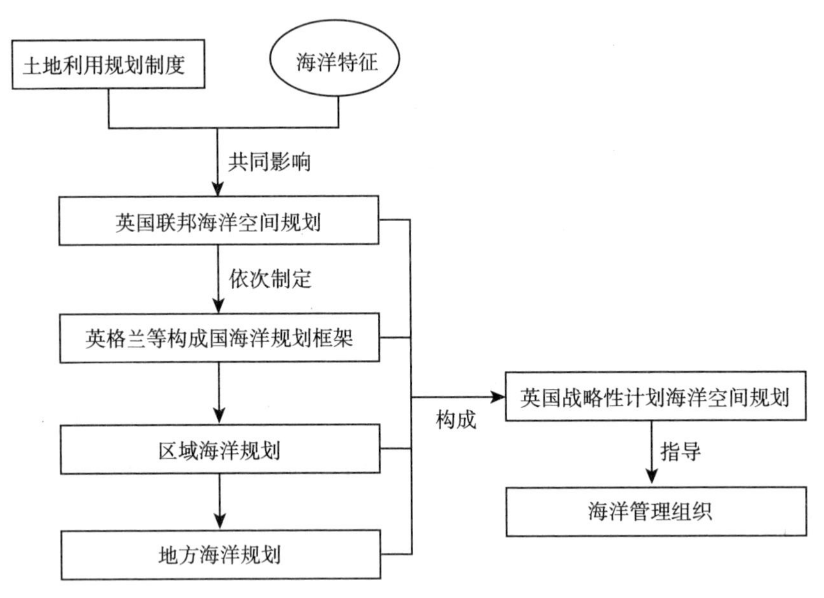

图 5－2　英国的海洋规划体系

苏格兰、北爱尔兰、威尔士等地已在各自的海洋区域内制定了规划框架，并受国家海洋空间规划政策指导。这些方针是以法律的方式制定的，并且涉及英格兰、苏格兰、北爱尔兰和威尔士之间的公共海域。各区域以实际需求为基础，展开海洋空间规划的划分与制定，它是法定综合海洋空间规划的一种，涉及生态管理海区、跨界海区，相应的土地利用规划是区域规划政策宣言、区域空间战略。英国政府实行海洋许可证制度，在海洋空间开展各类活动的组织或机构，需要事先获得相关许可证，以此来进行指导和管理。

（三）澳大利亚

澳大利亚作为南半球海洋最发达的国家之一，是全球通过对海洋各方面进行全面协调利用和维护高质量海洋环境的样板。

根据澳大利亚的《海岸和解书》，内陆水域和领海基线至 3 海里的海域归沿岸各州政府管辖，3 海里之外的海域至 2 海里的专属经济区归联邦政府管辖。20 世纪颁布的《澳大利亚海洋政策》中的行动方针涵盖了如何对海洋生物进行区域规划的方案，并以大海洋生态系统等规定为依据，批准了各主要辖区的海洋区域规划，还制订了相应的政策——海洋生物区域计划。各州及当地政府根据 1975 年澳大利亚《国家公园和野生动物法》，制订了相应的管理条例及政策，例如维多利亚州建立了维多利亚海岸公园和海岸保护区系统，覆盖了整个海岸的普通及重点地理区域；2016 年提出进行州海洋空间规划立法，明确各种海洋资源的合理开发和利用活动的权限。

可见澳大利亚海洋空间规划是“全国海洋政策-海洋生物区域区划”与“各州/地区海洋空间规划”两个独立运行的系统构成的（图 5－3）。

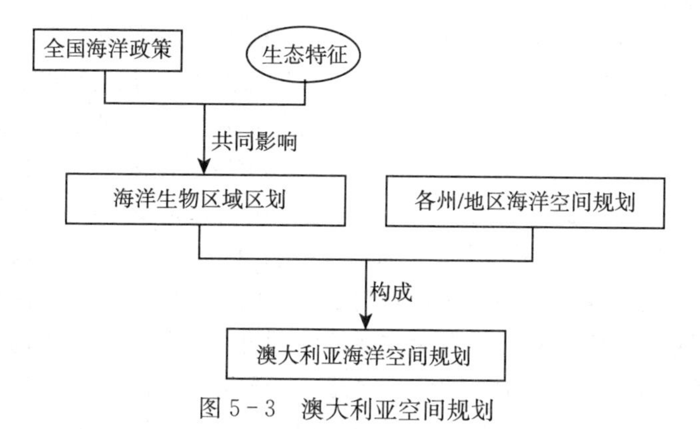

图 5－3　澳大利亚空间规划

（四）德国

德国所辖的海域包括北海与波罗的海两部分，即联邦与州各辖的专属经济区与领海两部分，在这两部分中，州不断试图把国土空间规划延伸至领海。德国于 1997 年实施的《瓦登海海洋空间规划》（领海部分），将该海域划分为农业、工业、船运、渔业以及观光和游憩等区域，但仍处于保护海洋生态的基础上。德国于 2004 年通过了《联邦空间秩序规划法》，专属经济区的设立将原有的海洋空间计划进行了扩展，并在此基础上提出了新的构想。梅克伦堡州在 2005 年扩展并修订了州空间发展规划，使规划的范围延伸至领海。德国于 2007 年制定了《联邦专属经济区空间规划草案》，明确了“优先发展区”“保护区”和“限制性发展区”。德国于 2009 年颁布了《联邦北海和波罗的海专属经济区空间规划》，以区划法取代原空间规划草案。按照《联邦空间秩序规划法》，2012 年下萨克森州与 2015 年石勒苏益格州分别制定了州海洋空间规划，政策中把受影响的海洋区域调整到领海地区。

综上，德国是“没有整体规划的海洋空间框架下特设专属经济区”和“各州领海空间规划”双管齐下的海洋空间规划制度（图 5－4）。

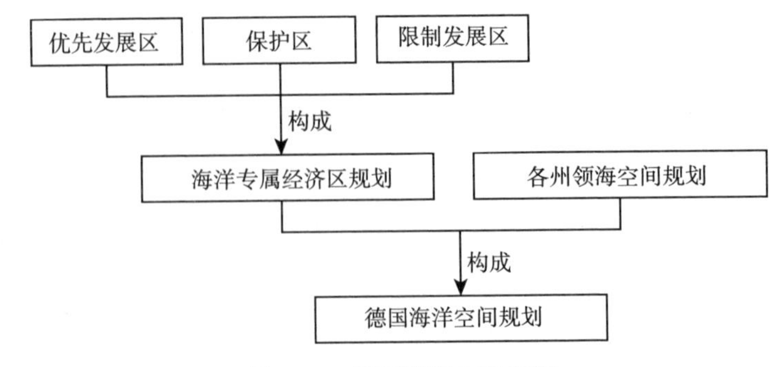

图 5-4 德国海洋空间规划

（五）比利时

比利时所辖海域范围并不是很大，只占据北海的一部分，但相关海洋资源的开发及利用却占据很大一部分，且有进一步加强的趋势。比利时在2003年亟待解决两个关键问题——海上风电、海砂的开发开采及如何在保持高强度开发的情况下保护海洋自然生态。拟订比利时北海海域总体规划是比利时海洋空间规划关键的一步，在此基础上，对比利时近海风电、海砂等重点海域进行划定。在2005年，比利时提出了一项关于海域整体管理的概念，在进行海洋空间规划时，借鉴了土地利用的规划办法，并制定了一项朝着海洋经营可持续化发展的空间结构规划，将近洋和深洋两个主要的空间进行了划分，希望构建一个生态和谐、经济开放、有战略指导的富饶之海。《海洋环境保护和海洋空间规划组织法》于2012年在比利时通过，明确海洋空间规划的编制内容和编制程序，融合海洋空间结构发展战略、发展目标和海域用途区划及其空间政策等。

比利时海洋空间规划体系是一个单一逻辑控制体系，由“功能性海洋用途区划-海洋空间国家战略”组成（图5-5）。

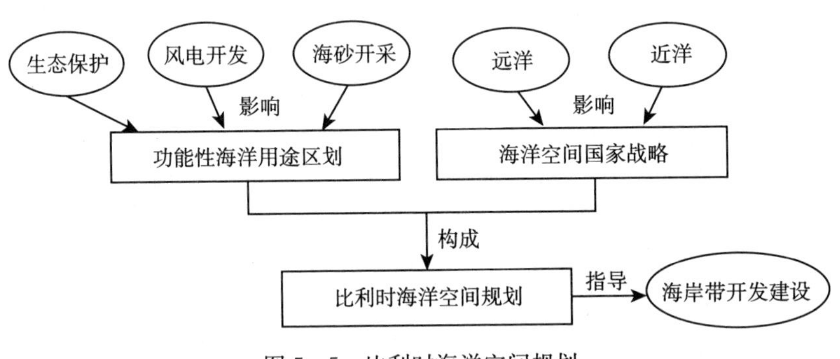

图 5-5 比利时海洋空间规划

（六）挪威

北极海域是指北冰洋及其附属的外海区域，在运输、资源、科学研究等方面都有很高的价值，也是最易受全球气候变化危害的海域之一。挪威政府按照大海洋生态系统分布把本国专属经济区水域分为三个海区，所辖北极海区有巴伦支海及罗弗敦群岛、挪威海等。

挪威拟定的战略行动：①在区域基础上进行治理，以保护海洋生态系统、改善环境质量为目标。②建立“特别有价值和脆弱性区域（Particularly Valuable and Vulnerable Areas，PVVA）”。③监测管控海域长期污染物，如排放物、石油等。④加强海上渔业活动的监管。⑤合理运用遥感等技术开展海域调研，补充基础数据。⑥推进环境系统性海域监测，保障海洋环境良性发展。

鉴于北极海域的生态环境存在的特殊性，气候改变以及经济发展需求使得北极海域整体面临重大挑战，对人类活动和气候的时效性、动态性极其敏感。时效性在挪威的海洋空间规划中属于一个典型：拟订《巴伦支海和罗弗敦群岛海域海洋环境综合管理计划》时，政府为了掌握数据的时效性和全面性，在2011年对该地区的海洋生物（包括有关海鸟和海底栖息的动物群落）的情况进行了全面的调研考察，补充了大量缺失的数据，并在数据的基础上做出系统的分析评估，为该地区的“PVVA”监测和管理增加了更多的选择；挪威在2014—2015年第二次更新巴伦支海-罗弗敦区域管理方案，主要考虑到北极海域温度的升高（包括海面温度升高、海洋整体温度升高）、海洋区域冰雪覆盖面积减少等因素会影响到未来规划海域的生态系统及物种平衡的问题。2009年《挪威海综合管理计划》出台，规划范围包括斯匹次卑尔根群岛西侧的部分北极海域，阐明了挪威海洋空间规划旨在实现海洋资源与生态系统可持续利用，在保护生态系统结构、功能、生产力与生物多样性的前提下推动海洋经济的发展。同时，由于其特殊的生态系统，风险灾害管理也是挪威海洋空间规划中的重要内容。

综上，挪威是“海域生态系统调研”和“海洋生态脆弱和灾害控制区划”并行的海洋空间控制体系（图5-6）。

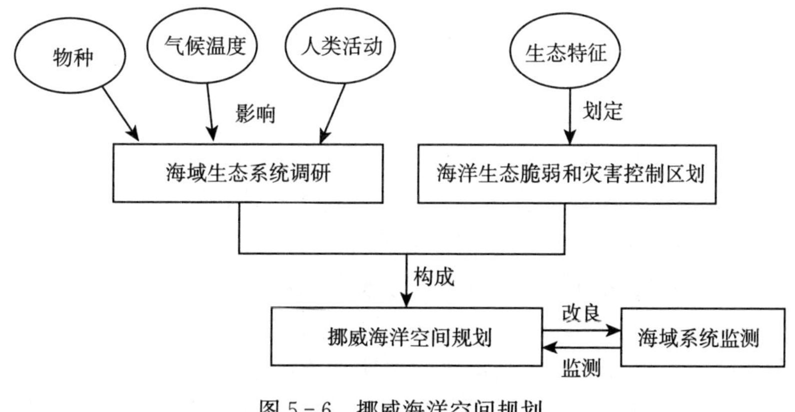

图5-6　挪威海洋空间规划

（七）措施对比

国际海洋现行规划制度对比情况见表 5-1。

表 5-1 国际海洋现行规划制度总述

国家	海洋空间重要规划文件	规划体系
美国	《海岸带管理法》 《有效海岸带和海洋空间规划临时框架》 《国家海洋政策》	“国家海洋空间规划—地区海洋空间规划—州海洋空间规划”的由上至下的控制体系
英国	《海洋与海岸带准入法》 《英国海洋政策宣言》	“联邦级别-国家级别-区域级别-地方级别”的控制体系
澳大利亚	《大堡礁珊瑚海洋公园海域多用途区划》	“全国海洋政策-海洋生物区域区划”和“各州/地区海洋空间规划”双线双向运行
德国	《瓦登海海洋空间规划》 《联邦北海和波罗的海专属经济区空间规划》	“没有整体规划的海洋空间框架下特设专属经济区”和“各州领海空间规划”双管齐下的控制体系
比利时	《海洋环境保护和海洋空间规划组织法》	“功能性海洋用途区划-海洋空间国家战略”的单线控制体系
挪威	《挪威海综合管理计划》	“海洋生态系统调研”和“海洋生态脆弱和灾害控制区划”并行的控制体系

三、国际海洋空间规划的特征和经验

（一）立法是海洋主体功能区规划实施的重要保障

从国际各发达国家的海洋空间规划不难看出，法律法规的规范性、严肃性是各类规划、政策得以实施的重要保障。例如，加拿大的《海洋法》文件综合了海洋政策与海上组织活动，为增强海洋综合管理实力、制订生态系统海洋规划奠定了基础框架；日本出台《海洋基本法》《海底资源开发推进法》等，为海洋规划建立了逐渐完善的法律保障体系；德国修订的《联邦空间秩序规划法》中，专属经济区被视为政府管理考察的一部分；英国的《英国海洋法》专门为专属经济区规划独设一章。因此，我国在推进海洋主体功能区规划的建设上有法可鉴，首要任务是先完善海洋立法和规范政策，这对于社会主义国情的我国来说，是占有优势且能够做得更好的。

（二）以生态文明为引领构建海洋主体功能区规划

早期的海洋规划更多涉及海域分区或海岸带的管理，接近海洋主体功能区 MPA 规划的某些特征，与我国提出的主体功能区规划概念有较大差异。但近年来，人类意识到海洋与陆地、海洋与内陆水域之间的密切关系，海洋规划趋势向海陆一体化方向发展。海洋发达国家将海岸带的边界内移，逐步采用基于生态系统的管理模式，美国就是典型的例子，其将海岸带、岛屿和海洋作为一个整体来考虑，海岸带的范围比过去更广，扩展到近海流域的尺度。在欧洲，海洋空间规划（MSP）的制定已不再仅仅是为了建立海洋保护区，包括德国、比利时、挪威和英国在内的大多数欧洲海洋国家已将海洋空间规划提升到生态系统管理的层面，MSP更关注海洋利用的整体空间效益，寻求解决海洋不同用途、海洋管理使用者和海洋资源环境之间的利益摩擦的办法。

基于生态系统构建海洋主体功能区符合我国的可持续发展战略，以海洋区位位置、自然生态、生物资源等为基础，将海洋开发利用的潜力和新时代经济高速高质量发展的需求结合起来，以生态和功能规划为依据，划分出海洋主体功能区，对照不同国家标准的环境质量要求实施，不同功能区的海域进行区域独立、整体协作的监测控制，不断调整，目标是达到保护改善海洋生态环境和优化利用海洋资源的同步推进。

（三）重视陆海统筹，从空间和功能维度完善规划

在空间规划理论日益发展的背景下，欧盟及其他海洋大国对空间的重视已由陆域逐步扩展到陆海全域。2009年《里斯本条约》正式生效后，海洋同国家环境、经济及社会福祉之间的联系得到了进一步重视，海洋是国家领土的重要组成部分这一理念也逐渐深入人心，并由此引发了欧盟空间规划整体视角的变化。国际各国已开始继续以原有陆地领土为基础，把空间规划范围扩大至离岸领海区域，在德国更是扩大到专属经济区，以此进行陆海一体化规划。

根据欧盟已有实践经验，从空间维度归纳出陆海整体规划的两种途径：一是把沿海地区作为一个连续体进行规划。根据这一视角，沿海地区已不再是一个边界区域，而应该是一个生态系统、经济社会和空间载体等要素高度集成的总体。二是将在海洋空间规划上引入陆地空间规划的理论方法，统一归纳为海陆空间规划。这一经验有效整合了海域与陆域的协作规划，使海陆规划范围交叉，也为我国海洋主体功能区规划提供了借鉴思路。

在不断的实践中，国际海洋空间政策往往是环境保护与经济发展双重目标共同完成，总的发展趋势是由环境保护为主转向“蓝色增长”和环境保护并重的综合目标上来，从生态可持续发展的角度警示海洋主体功能区规划需和谐。

（四）监测、评价和适应性管理应融入海洋主体功能区规划

国际海洋规划管理将监测、评价、有效报告和适应性管理视为行之有效的基本元素，建议海洋区域规划应成为一个含有这些元素的连续过程，这对我国海洋主体功能区规划的完善具有重要的借鉴意义。当前，我国从动员第一次全国海洋主体功能区规划工作开始，一直致力寻求海洋主体功能区规划的理论和方法上的突破。然而截至目前，我国海洋主体功能区规划还未能达到动态层

面，仍是依靠海域功能分类的基础静态区划方法。

近年来，国家海域动态监测系统步入正轨，监测海洋生态环境变化和资源利用情况，为规划提供科学的数据支持。通过建立监测网络、利用遥感技术等手段，实时监测不同区域的水质、海洋生物多样性、渔业资源等信息，为规划决策提供准确的基础数据；建立监测系统的同时，对海洋主体功能区规划实施效果进行评价，主要包括环境、经济效益、社会影响评估等，通过定期评估分析措施效果，为后续的管理和调整提供依据；适应性管理的理念使得规划增强了灵活性和可调整性，要求在管理实施过程中不断收集反馈信息，以便及时调整，适应新的需求。

总体来讲，监测、评价和适应性管理是海洋主体功能区规划中的重要环节，能确保规划的科学性、有效性和可持续性。通过不断监测和评价，及时调整规划策略和管理措施，对促进海洋资源的合理利用、生态环境的保护和可持续发展具有不可忽视的作用。

第三节　主要内容

一、分类体系

按照“保护优先”原则来确定海洋环境的保护目标，根据海洋环境的资源禀赋条件以及海洋的开发利用程度来对海洋资源的环境承载力进行评估后，划定生态红线区。根据各地区资源环境特征，按照生态保护优先原则、合理开发利用原则以及综合考虑经济社会发展水平等因素确定了各类区域的主要目标任务及其相互关系，形成相应的主体功能区划体系。

为了指导内水和领海地区的开发活动并实现动态管理，把海洋空间划分为四个区域，分别是优化开发区、重点开发区、限制开发区和禁止开发区；把专属经济区和大陆架及其他管辖海域分为重点开发区和限制开发区两大区域。主体功能区在内涵、功能定位及发展方向上因类而异，在内部空间结构构成上表现出明显区别（表 5－2）。

表 5－2　海洋主体功能区分类及内涵

区域	类型	资源环境承载力	现有开发密度	开发潜力	内涵
内水和领海	优化开发区	减弱	高	较高	主要是一些城市人口经济密集区
	重点开发区	较强	较高	高	逐步成为支撑地区人口集聚和经济发展的重要载体，成为继优化开发区后新的经济增长区域

（续）

区域	类型	资源环境承载力	现有开发密度	开发潜力	内涵
内水和领海	限制开发区	较弱	低	极低	应加强对其生态和环境的保护，发展符合其资源环境承载力的特色产业，引导超载人口有序地向外转移，使其逐步成为全国或区域性的重要生态功能区
	禁止开发区	很弱	低	低	按照法律法规及相关规定对其进行强制性的保护，严格禁止不符合主体功能定位的开发活动
专属经济区和大陆架及其他管辖海域	重点开发区	较强	较高	高	以海洋科研调查、绿色养殖、生态旅游等开发活动为先导，有序适度推进边远岛礁开发
	限制开发区	较弱	低	低	除重点开发区域外的其他区域，适度开展渔业捕捞，保护海洋生态环境

二、内水和领海主体功能区

（一）优化开发区

对于优化开发的那些海域，由于其高强度的开发利用和对资源环境的严格限制，需要进行产业结构的调整和优化，以达到优化开发的目的。在沿海地区开展海洋经济发展规划工作，范围主要涵盖那些已经获得国家批准设立或正在建设中的具有良好区位条件、自然资源优势、生态环境质量及发展潜力的海洋空间区域（表 5-3）。

表 5-3　优化开发区简述

优化开发区	位置	发展方向
辽东半岛附近海域	辽宁省丹东市、大连市、营口市、盘锦市、锦州市和葫芦岛市毗邻海域	推进海洋经济转型升级；发展现代化渔业；打造现代化港口群
渤海湾水域	秦皇岛市、唐山市、沧州市和天津市毗邻海域	推进天津北方国际航运中心的建设；推动海洋精细化工业及相关产业的发展；推进海岸生态系统的修复和防护林体系的构建
山东半岛海域	山东省滨州市、东营市、潍坊市、烟台市、威海市、青岛市和日照市毗邻海域	提升区域综合实力和对外开放水平；推动海洋新兴产业的发展；打造有国际竞争力的沿海旅游胜地；实施“蓝色粮仓”战略

（续）

优化开发区	位置	发展方向
苏北海域	江苏的连云港市和盐城市毗邻海域	开发海洋资源和滩涂经济产业；推进生态养殖模式；扩大海洋牧场规模；推进湿地生态旅游胜地的建设
长江口及其两侧水域	南通市、上海市与浙江省嘉兴市、杭州市、绍兴市、宁波市、舟山市、台州市毗邻海域	建设国际深水大港；打造两岸渔业交流合作的重要基地；促进港口功能的调整和升级
海峡西部海域	浙江省温州市和福建省宁德市、福州市、莆田市、泉州市、厦门市、漳州市毗邻海域	推进形成海峡西岸现代化港口群；构建海洋自然保护区
北部湾海域	广东省湛江市（滘尾角以西）和广西壮族自治区北海市、钦州市、防城港市毗邻海域	构建西南现代化港口群；发展特色旅游；加强稀缺资源保护
海南岛海域	海南岛周边及三沙海域	加快海洋牧场建设；完善港口功能与布局；提高休闲旅游服务水平

该区的开发方向与开发原则：通过优化近岸海域空间布局，适当调整海域开发的规模与时序，严格把控开发强度，全面推行围填海总量控制制度等措施，以确保海洋资源的可持续利用，实现对海洋资源的高效利用；加快生态文明建设步伐，加强对海洋环境的管理和海洋污染的防治工作，改善海洋生态环境的质量，从而实现海洋资源的永续利用；不断地推进海洋相关传统产业的技术升级与改造，积极培育海洋高科技产业，向高附加值的方向转型升级；加快建设海上综合交通枢纽和物流中心，构建海陆统筹、协调统一的现代化港口体系；推进海洋经济的可持续发展，提升产业准入门槛，积极探索海洋可再生能源的开发和利用，以提升海洋对碳的吸收和利用效率；完善海域使用管理法律法规体系，建立海洋资源有偿使用制度，强化政府责任机制和公众参与机制等；加强对陆源污染物的严格管控以及对河口海湾污染的重点整治和生态修复，同时规范入海排污口的设置，以确保环境质量和生态平衡；加强对自然岸线和典型海洋生态系统的保护力度，提升海洋生态服务的综合效能。

（二）重点开发区

在沿海经济和社会发展过程中，具有重要作用、潜力大、资源和环境承载能力极强，并能达到高度集中开发程度的海域被视为海洋重点开发区。它既可作为城市扩展用地使用，又可作为海洋生态环境保护与恢复的载体，涵盖了城镇建设用海区、港口和临港产业用海区以及海洋工程和资源开发区（表 5 - 4）。

表 5-4　重点开发区简述

重点开发区	涵盖区域	功能
城镇建设用海区	拓展滨海城市发展空间，可供城市发展和建设的海域	提高海域使用效能和协调性；增强海洋生态环境服务
港口和临港产业用海区	港口的建设和临港相关产业拓展所需海域	满足国家的区域发展战略的相关要求；促进周边临港相关产业的聚集
海洋工程和资源开发区	跨海桥梁、海底隧道等重大的基础设施以及海洋能源和矿产资源的勘探开发利用所需海域	推动周边沿海地区的海洋产业发展；助推海洋可再生能源的研发和建设

该区的发展方向和开发原则：采用基于数据的集约化开发模式，严格限制开发活动的规模和范围，以形成现代海洋产业的聚集效应；建立海域使用制度，实现资源优化配置。通过实施围填海总量控制，科学合理地选择围填海的位置和方式，并对围填海工作实施严格的监管体系，以确保围填海工作的顺利进行。建立海洋资源开发利用与环境保护的长效机制，加强对海洋灾害的防范能力和提升减轻灾害的能力。

城镇建设用海区包括沿海滩涂围垦区、港口及航道工程用地、重要经济开发项目占用的土地、河口岸线开发利用地区以及其他需要进行生态保护的区域。

港口和临港产业用海区包括沿海城市的市区或港区内已建成并投入使用或者规划新建的码头、泊位等设施用地及其配套设施用地。为了能够满足国家对相关区域的发展战略的要求，不得不进行合理的船舶港口与临港相关产业的布局，从而促进相关临港产业的聚集与发展。这样做能够有效地控制建设的规模，从而避免一个地方出现重复建设的低水平产业结构以及同质化趋势。政府颁布一系列相关环境保护政策，在保证港口和临港产业发展的同时，加强海洋生态环境保护，保障资源合理利用。

海洋工程和资源开发区对我国沿海地区发展海洋产业具有重要意义，但也会造成海洋环境恶化，威胁人类生存生活，因此在开发过程中应该考虑资源再生问题，推动海洋可再生能源的研发和建设，以促进其在海洋领域的广泛应用和发展，根据当地实际情况科学开发海上风能。

（三）限制开发区

一般海洋区域具有重要的经济价值或者为特殊生态环境需要重点保护的海区，以及国家划定的重点管理区和禁止开发区等特定范围称为限制开发区。

该区在发展方向与开发原则上实行详细分类管理，在海洋渔业保障区实行全面禁渔区与休渔期严格管理，强化水产种质资源的保护，同时禁止任何可能对海洋经济生物的繁殖和生长产生重大影响的开发活动；根据不同类型海域的生态特点及功能要求制定相应的保护措施。在海洋特别保护区，任何未经授权的开发活动都将受到严格限制。对无人居住的海岛进行开发和改变其自然岸线的行为进行严格限制，同时禁止将废水和固体废物倾倒至无人居住的海岛及其周边海域。

（1）海洋渔业保障区

该区域覆盖了传统渔场、海洋养殖区以及水产种质资源保护区，涵盖了广泛的水域范围。其中，传统渔场是指具有悠久历史并对渔业生产做出重要贡献的地区。我国沿海遍布着52个具有悠久历史的渔场，它们遍布在我国管辖的大部分海域。近海的区域是指有关海水养殖区的主要分布海域，其总面积约为2.31万千米^2。水产种质资源保护区是指对重要海洋生物遗传多样性保护具有特殊意义或为公众所熟悉的地区。我国截至目前有51个有关海洋的国家级水产种质资源保护区，它们占据了7.4万千米^{2}的国土（数据来源：《全国海洋主体功能区规划》）。随着海洋渔业经济持续快速发展，对海洋渔业资源管理提出了新要求。要建立完善渔业资源管理机制，强化渔业行政执法力度，加大渔民培训力度。加强对重要渔业资源的保护，以确保其得到充分的保护和维护，积极推进增殖放流，优化渔业资源的结构。同时要加大对重点海域及近海水域污染防治力度，建立海洋污染监测预警机制。在海洋养殖领域，应当积极倡导健康养殖模式，持续推进规范化建设，以提升养殖效益和品质；推进区域综合开发，以海洋牧场建设为主要手段，促进海洋资源的高效利用和可持续发展，加强设施渔业的发展，扩大深水养殖的规模。加快实施海洋渔业绿色转型升级工程。

（2）海洋特别保护区

我国目前拥有23个有关海洋的特别保护区，总面积达到了2 859千米^{2}左右（数据来源：《全国海洋主体功能区规划》）。我国为了保护海洋生态环境与海洋的自然资源，推动经济社会的可持续发展，不得不进一步加强对海洋特别保护区的支持力度。同时加强对相关海洋特别保护区的建设与管理，利用制度对开发规模和开发强度进行严格控制，确保海洋资源的充分利用，保护海洋生物的多样性，提升生态服务功能水平。对国家重点海岛和其他具有特殊意义的海洋自然保护区进行规划，并将其列入《国家海洋事业发展规划纲要》中。在重要的河口区域，禁止任何可能对河口生态功能造成破坏的开发活动，包括但不限于海砂开采和围填海。对于已建成或正在建设中的港口工程以及已经被列入国家级海洋保护区或者风景名胜区等需要保护的建设项目，应当采取适当措施防止对其产生不利影响。禁止在重要的渔业海域进行任何可能导致洄游通道被截断的开发活动，包括但不限于围填海等。加强对主要海洋生态功能区保护管理，严格控制重点入海河口水域污染风险。推动渔业和旅游业的适度发展，以促进经济的可持续增长。

(3) 海岛及周边水域

加强基础设施建设，充分挖掘各个海岛的特色，让特色带动海岛的经济发展，结合实际情况调整产业的发展规模，不断对相关产业进行优化升级，发展海岛生态观光旅游、海鲜生态养殖以及相关休闲渔业等多元化产业，以促进可持续发展。强化环境保护意识，完善环境管理体制机制，加大执法力度，推进依法治岛步伐。维护海岛的生态系统不被破坏，从而保证海岛以及周边海域生态系统的完整性，让生态平衡能够得到充分的保护。开展海岛防灾减灾工作，建立健全预警机制，建立灾害防御体系。对于那些被高度开发和利用的海岛，如果它们的生态环境受到了破坏，那么我们应该采取生态修复的措施来保护它们。完善海岛防灾减灾体系建设，提高抗御自然灾害能力。对于那些生存环境比较差，同时发展问题较大的海岛居民，应该实施相关的安置措施，以适度控制居住人口规模。完善配套政策体系，加大资金投入力度，提高海岛综合生产能力。加强对建有导航、观测等公益性设施海岛的保护和管理，以确保其得到充分的保护和维护。依法保障海岛上群众的基本生活条件。在具备科学研究价值的海岛上，最大限度地利用现有的科技资源，建立一个试验基地，以推动相关领域的发展。保障科研人员的生活质量，并给予一定补助。

(四) 禁止开发区

在对维持海洋生物多样性和保护典型海洋生态系统非常重要的地区，禁止一切形式的开发活动，其中包括但不限于海洋自然保护区和领海基点所在的岛屿等区域（表 5-5）。

表 5-5　禁止开发区简述

禁止开发区	分类	数量
海洋自然保护区	核心区、缓冲区、实验区	34 个国家级海洋自然保护区
领海基点所在岛屿	计算领海、毗连区、专属经济区和大陆架的起始点所在岛屿	94 个领海基点

在该区域内，对海洋自然保护区实行强制保护，实行分级管理，保证其有效的管理与保护；为保证领海基点的安全，任何团体或个人都不应违反相关规定，不应破坏或移除领海基点标志，以维护领海基点的完整性和稳定性，必须采取严格的保护措施。

我国截至目前共拥有 34 个国家级海洋自然保护区，其总占地面积达到约 1.94 万千米^2（数据来源《全国海洋主体功能区规划》）。各地方各级人民政府应当将海洋自然保护区作为国家重点保护单位进行管理，加强宣传教育工作，提高公众保护意识。在保护区内进行科学研究必须进行合理的线路选择，以确保考察结果的准确性。研究项目应以自然生态环境为基础，兼顾经济发展需求，对于那些具备特殊研究价值的海岛以及海域等，国家必须按照法律的规定，对其设立海洋自然保护区或者对现有保护区的面积进行扩大，从而能够确保海岛得到应有的保护。

我国已经宣布 94 个领海基点的位置（数据来源《全国海洋主体功能区规划》）。对无居民海岛进行管理时，应以国家法律规定为依据。领海基点在有居民海岛的，应根据需要划定保护范围，领海基点在无居民海岛，应实施全岛保护。在领海基点的保护范围内，不得从事任何改变该区域地形地貌的活动。

三、专属经济区和大陆架及其他管辖海域主体功能区

（一）重点开发区

应重点关注和研究的海洋领域，以及资源的勘探开发区、周边的岛礁以及周边水域统称为重点开发区。主要目标是油气资源开发和海上作业保障基地建设。该区的发展方向是以浅海海域开发利用为主，兼顾深水开发技术研发与配套设施的建设。重点开发区在海洋相关科研调查、海洋绿色养殖和海洋生态观光旅游发展相关活动的带动下，不断地推进资源勘探开发区和边缘岛礁的开发工作。

根据不同区域地质生态特点，规划可持续性勘探开发技术方向。在选择海域时，应考虑到其具有广阔的油气资源开发前景，谨慎地进行勘探和开采工作，同时加大对海底矿产及新能源开发利用技术研究力度。推进深海和远程开采储运成套设备的研发与创新，加速其发展进程；开展海洋石油工程装备的研究设计与制造，加强对天然气水合物及其他矿产资源的深入研究和科学评估，推动其勘探和开发；开展海洋生态保护研究，主要位于偏远的岛礁以及其周边海域，通过海洋平台及海洋工程装备等重点领域，推进相关基础设施的建设工作，不断加快现代化的进程；完善海洋能源资源综合利用及相关产业研究，致力于打造海洋渔业综合保障基地，推进深海、绿色、高效的养殖发展。加大对海岛资源保护力度，依托岛礁独特的自然特征，打造独具特色的旅游线路，积极推进生态旅游、探险旅游和休闲渔业的发展，满足游客的多样化需求。完善海岛基础设施建设，提高防灾减灾能力，兴建先进的观测和导航设施，提升海洋生态系统的科学性能和稳定性。

（二）限制开发区

将海域开发范围限定在重点开发区以外的区域。该地区的发展方向是加强

海洋污染防治，防止海水养殖对海洋环境的影响。在保证海洋生态环境的前提下，采取适度的渔业捕捞策略。加强对海洋污染问题的调查研究，制订切实可行的对策措施。在南海海域进行适度的渔业开发，同时积极鼓励和支持渔民前往传统渔区从事生产活动。加强对经济区域的保护措施，强化西沙群岛水产种质资源保护区的管理，在适当的时候设立各种类型的保护区，以保持海洋生物多样性及生态系统的完整性。

第四节　规划的实践、成效、总结及建议

一、海洋主体功能区规划实践

（一）现状

海洋主体功能区的建设，需要长期稳定的制度保证，不能仅仅停留在理念倡议、理论研究和规划设计的层面，还需要将其付诸实践，这就需要有一个相对固定的、明确的、有效的制度为其提供持续的推动力和政策保障。当前，包括海洋在内的主体功能区战略已上升到深化改革高度，虽然已初步具备了一些基础，但与全面、系统、科学的制度体系仍有较大差距，迫切需要综合运用空间规划设计、资源环境管理、海洋学等多学科的理论和方法，进一步加强和完善，使之更加科学、全面、有效地执行。

在国内，海洋主体功能区规划实践得到了政策的支持和推动。《海洋环境保护法》和《全国海洋功能区划》等相关政策文件对海洋主体功能区规划的目标、原则、内容和实施等方面进行了明确规定。这些政策为海洋主体功能区规划提供了法律依据和指导。国内海洋主体功能区规划实践涉及的理论体系主要包括海洋生态学、资源经济学和海洋法律法规等。近十几年来，随着渔业、交通等传统用海规模的不断扩大，以及风能、波能等新型能源的开发利用，对海洋环境提出了严峻的挑战。但是，不同类型的海域在利用过程中存在着不同程度的矛盾，为此，许多国家都在寻求新的途径来应对这一问题，而海洋主体功能区划就是其中的一个重要手段。

在国外，海洋空间规划由于其综合和基于生态系统管理的特征，受到全球各国的高度关注，尤其是在海域高度发达的欧洲更是如此。德国、爱尔兰、比利时等国家都在各自的区域内制定了相应的海洋空间规划，英国已通过《海洋与海岸带准入法》，目的是为海洋创造一个清洁、健康、安全、高效的生态系统环境。瑞典早在1992年就推出了一项政府法案，题为《瑞典专属经济区条例》，为未来的海洋空间规划打下了坚实的基础。美国在2009年启动了一项框架草案，即《有效海岸带和海洋空间规划临时框架》，以支撑建立一个国家范围的海洋空间规划。另外，欧洲联盟对海洋空间规划给予了高度关注，目前正

积极开展这一规划的制定和实施工作。

在方法上，常用的有生态系统评估、资源评估和环境影响评价等。海洋主体功能区规划的内容非常广泛，涉及海洋生态系统保护、渔业资源管理、海洋旅游开发等多个方面。这些内容综合考虑了生态、经济、社会等多个因素，旨在实现海洋资源的合理利用和生态环境的可持续发展。在实施和管理方面，国内海洋主体功能区规划注重强化政府管理，加强统筹协调，形成了多部门、多层级的管理体制。政府部门、地方政府和相关利益相关者之间加强合作和协调，推动规划的实施和监督。同时，国内还注重加强公众参与，通过公开听证、社会研究和意见征集等方式，提高公众对海洋主体功能区规划的认同度，增强规划实施的合法性和可行性。这种多元参与的管理方式有助于确保规划的科学性和可持续性。

（二）发展趋势

随着国家对海洋资源保护和可持续利用的重视，海洋主体功能区规划实践在中国逐渐深入推进。为了实现海洋生态环境的保护和高效利用，国内采取了一系列措施，其中包括进行海洋资源评估、加强生态保护、调整产业布局等。这些措施在一定程度上取得了成效，为海洋主体功能区规划的进一步发展奠定了基础。

我国目前拥有的海域功能分类标准比较多样化，其中包括了海域利用分类、海洋功能区划分类、海洋主体功能区分类等多种并行体系。在此基础上，构建多个海域功能分类系统之间的协同融合机制，不仅可以有效地协调各海域空间规划之间的关系，准确地辨识出与规划相冲突的区域，还可以有效地提升我国海域的分层立体利用和混合利用水平，是实现“多规合一”的必要前提，也是海洋国土规划顺利实施的重要保障。国内区划变化趋势主要为港口区、围海造地区等第二、三产业用海功能区空间将扩大；在沿海地区，水产养殖面积将进一步缩小，并向深海海域方向发展。

判断趋势依据有三点：①随着我国工业化进程的加速，沿海地区在全国生产力布局中所起的作用越来越大，以重工业为主导的重化工基地向临海地区布局是必然趋势，临海产业和海洋经济将成为新的经济增长点，城市人口将会进一步向沿海地区集中。②国家将各区域发展纳入开发战略以后，赋予各城区带动区域经济发展的重任，这一发展战略的实施，使各个地区之间的经济和社会关系更加紧密，相应交通运输等建设也在不断完善。③近年来海洋环境质量状况严峻，大部分近岸海域海洋水质环境质量总体上低于维持海洋功能健康的最低标准。

国外已有较多国家开展了不同海洋主体功能分类体系衔接的研究。如兼容性研究：用海需求和目标相互重叠，相互竞争海洋空间或相互造成不利影响。

比利时通过对区域利用与互动关系的集成研究，从“时间、空间、重复可控”到“相互排斥”对用海冲突进行了划分。国外海洋规划研究也展开了兼容性探索。马来西亚帕劳雷当海洋公园划分为七大功能区域，即珊瑚观赏区、季节封闭区、恢复区及娱乐区等，并制定了有关潜水、划船及拖网等对环境产生影响的指导方针。澳大利亚的大堡礁海洋公园分为一般利用区、栖息地保护区、自然保护公园、缓冲区、科学研究区、海洋国家公园、保全区和联邦岛屿区等8个功能区，并制订了与各种活动有关的允许（不允许、仅获得许可证）之间的关系（表5-6）。

表5-6　海洋功能区与用海活动关系

活动	一般利用区	栖息地保护区	自然保护公园	缓冲区	科学研究区	海洋国家公园	保全区	联邦岛屿区
划船/潜水	A	A	A	A	N	A	A	A
远洋曳绳钓	A	N	N	A	N	A	N	A
饵料网抛洒	A	N	N	N	N	A	N	A
延绳鱼钓	A	N	N	N	N	A	N	A
传统捕捞	A	N	N	P	N	P	N	A
刺网抛洒	N	N	N	N	N	N	N	N
渔叉捕捞	N	N	N	N	N	N	N	N
龙虾捕捞	N	N	N	N	N	N	N	N
远洋船舶作业	A	N	N	P	N	P	P	A
拖网作业	A	N	N	N	N	N	N	A
航运	A	N	N	N	N	N	N	A
科学研究	P	P	P	P	P	P	P	P

注：A为允许；P为仅获得许可证；N为不允许。

二、国内海洋主体功能区成效

（一）优化开发区

优化开发区的实践旨在对已经开发利用的海域进行合理规划和管理，以提高资源利用效益和生态环境保护水平，其现有开发利用强度较高，资源环境约束较强，产业结构亟须调整和优化。在我国南海及北部湾海域的优化开发区规划实践中，采取了一系列措施来平衡经济发展和生态保护，其中主要开发措施包括严格控制工业废水排放、限制渔业资源开发的强度、加强珍稀物种和生态系统的保护等（表5-7）。同时，注重促进海洋旅游业的发展，通过合理规划海岛旅游区、推广生态旅游等方式，提升海洋经济的可持续发展。根据资源环境承载能力和国土空间开发适宜性评价，科学、有序地安排农业、生态、城镇等功能空间，并划定开发边界。加快数字经济发展，要充分发挥“西部陆海新通道”的功能，为“一带一路”打造一个陆海相通、内外联通的战略通道。坚持“依海兴产”“一体协同”的原则，把绿色化和数字化作为发展方向，把“向海经济”作为切入点，推动产业规模、结构和效益的全面提高。

表 5-7　南海及北部湾海域优化开发区规划实践案例分析

实践案例	政策做法	取得成效	存在的不足
广东省珠江口优化开发区的工业废水治理	广东省人民政府印发《珠江口邻近海域综合治理攻坚实施方案》，提出启动入海排污口排查整治、入海河流水质改善、海水养殖环境整治等十项行动	到 2022 年，珠江口地区的主要污染物排放总量比 2015 年下降了 30%以上；有效减少了工业废水对海洋生态环境的污染，提高了水域的水质	需要投入较大的资金用于废水治理设施建设和运营管理
广西北部湾渔业资源保护与可持续开发	广西壮族自治区人民政府印发《关于促进新时代广西北部湾经济区高水平开放高质量发展的若干政策》，实行渔业资源准入制度、实施渔业休渔期等	保护了渔业资源，使其得到适度恢复和再生，促进海洋渔业资源的可持续发展，保护生态系统的稳定性	限制渔业资源开发的过程中对渔民的经济利益造成一定的影响，引起渔民不满，没有提供相应的补偿机制和转型支持
海南自由贸易港的海岛旅游区规划	中共中央、国务院印发《海南自由贸易港建设总体方案》，将海岛旅游区作为重点发展领域	吸引了大量旅游投资和游客；推动了海洋旅游业的发展，促进当地经济增长，创造就业机会	个别区域过度开发对当地生态环境造成不可逆转的破坏
海南琼州海峡保护区的珍稀物种和生态系统保护	海南省人民代表大会常务委员会发布《海南省自然保护区条例》	海南海豚、红树林等特色生态资源的数量和分布得到有效保护，部分珍稀物种的种群数量有所增加	监测和执法力度不强，在生态保护的过程中没有协调好与其他经济利益主体之间的关系

以上实践案例表明，在我国南海及北部湾海域的优化开发区规划中，政府部门采取了一系列措施来平衡经济发展和生态保护之间的问题。然而在实践的过程中存在一些挑战与问题，例如资金投入与产出不足等、影响渔民利益、监测和执法力度不强等。因此，需要在今后的规划和实施过程中充分考虑各方利益，加强各项工作的监测和执法力度，确保可持续发展的实现。

（二）重点开发区

重点开发区的实践旨在具备一定条件的海域中，通过有序开发利用，推动区域经济社会的可持续发展。以东海海域的重点开发区规划实践为例，通过整合资源、优化布局，推动东海海域海洋产业的发展（表5-8）。重点开发区注重海洋科技创新，建设海洋科技园区，吸引创新人才和科技企业，推动海洋经济的转型升级。同时，重点开发区也注重提升海洋经济的综合实力，通过加强港口建设、发展海洋运输和海洋能源等领域，促进经济的繁荣和可持续发展。以集约化发展为目标，对发展的规模、范围进行有效控制，形成现代化的海洋产业集群；实施总量控制，科学选择土地利用方式，加强对土地利用的监管；对港口、桥梁、隧道等海洋工程进行整体规划，使其与陆地、海洋相互配合，同时又能保证其安全、有效运行；加强对重点海洋工程特别是围填海工程的环境影响评估，加强对临港工业集中区、重点海洋工程建设等环节的环境监测。提高海洋灾害防治能力建设。

表5-8　东海海域的重点开发区规划实践案例分析

实践案例	政策做法	取得成效	存在的不足
浙江舟山群岛新区	浙江省海洋与渔业局和浙江省发展改革委发布《浙江省海洋主体功能区规划》	推动港口建设和海洋运输；开发海洋能源，推动海洋经济的转型升级，推动可持续能源发展	个别区域在开发过程中没有做好环境监测工作，在居民权益保护方面做得不到位
江苏省连云港连云区	江苏省发展改革委和江苏省海洋与渔业局联合发布《江苏省主体功能区规划》和《江苏省海洋主体功能区规划》	资源利用更加高效，生态系统更加稳定，开发秩序更加规范，成为重要的海洋供给区，实现“强富美高”海洋可持续发展新图景	配套设施不完善，缺乏制度规范
江苏省通州湾江海联动开发示范区（简称通州湾示范区）	江苏省发展改革委和江苏省海洋与渔业局发布《江苏省主体功能区规划》和《江苏省海洋主体功能区规划》	基本实现沿海人口分布与经济布局、资源环境相互协调，海洋与陆地协调，可持续能力全面提升	在开发过程中，环境监测工作有所欠缺，没有做到强力监管
山东省潍坊市寒亭区	山东省人民政府批准实施《山东省海洋主体功能区规划》	推动科学、绿色、立体开发海洋，推动海洋生态文明建设，加快实施新旧动能转换工程	在发展过程中出现多方利益主体意见不统一，缺乏协调组织管理

可见，东海海域的重点开发区规划实践都通过整合资源、优化布局，推动海洋产业发展和经济的繁荣。但是在发展的过程中也会存在一些问题，需要在发展中充分协调生态环境保护和开发利用之间的关系，以实现海洋可持续发展的目标。

（三）限制开发区

限制开发区的实践旨在对海域进行限制性开发，强调保护海洋生态系统，促进生态平衡的维护和生物多样性的保护。在环渤海海域的限制开发区规划实践中，采取了一系列措施来控制开发活动对生态环境的影响，包括严格控制渔业资源开发的强度，限制渔业捕捞数量和捕捞工具的使用，以保护渔业资源的可持续利用；加强对污染物的排放控制，限制工业废水和河流污染物进入海域，维护海洋生态系统的完整性和稳定性（表5-9）。

表5-9 环渤海海域的限制开发区规划实践案例分析

实践案例	政策做法	取得成效	存在的不足
山东省烟台市莱州市	山东省人民政府批准实施《山东省海洋主体功能区规划》，设立多个渔业禁捕区，限制渔业活动	烟台市的污染物排放得到有效控制，海洋水质明显改善	需要投入较多的资金和资源来建设污水处理设施，对一些企业可能造成经济压力
山东省威海市乳山市	山东省人民政府批准实施《山东省海洋主体功能区规划》	保护渔业资源，维持渔业生态系统的平衡，确保渔业可持续发展	对渔民的经济收入造成一定影响，需要寻找其他经济发展途径，以减轻渔民的压力
辽宁省大连市长海县	辽宁省人民政府批准实施《辽宁省海洋主体功能区规划》	建成生态优良、产业发达、设施完善、独具特色的海岛边境县	经济结构不优、财政增长乏力、发展空间受限
辽宁省葫芦岛市兴城市	辽宁省人民政府批准实施《辽宁省海洋主体功能区规划》	土壤污染防治得到扎实有序推进；生态环境和水质得到了有效改善；综合实力不断增强	老工业城市结构性污染压力大；生态环境治理体系和治理能力亟须加强；主体责任落实不到位

环渤海海域的限制开发区规划实践在保护海洋生态环境和生物多样性方面采取了一系列措施。通过严格控制渔业资源开发、加强污染物排放控制等做法，保护了渔业资源和海洋生态系统的完整性。同时，这些措施可能会对渔民的经济收入和一些企业的经营带来一定影响。在实施限制开发区规划时，需要综合考虑生态环境保护和经济可持续发展之间的平衡，寻找合适的解决方案。

（四）禁止开发区

禁止开发区的实践旨在对特定海域禁止一切开发活动，以实现生态保护和资源保护的目标。禁止开发区的实践也是为了保护海洋生态系统和资源。例如我国政府划定了海洋生态保护红线及一系列禁止开发的区域。这些区域内禁止进行破坏性的捕捞、采矿和工业活动，以保护南海的生物多样性和生态系统的完整性。在禁止开发区内，加强了巡查和执法力度，确保禁止开发区的生态环境得到有效保护（表5-10）。

表 5-10　禁止开发区规划实践案例分析

实践案例	政策做法	取得成效	存在的不足
福建省厦门市鼓浪屿的保护和开发	福建省政府发布《鼓浪屿历史文化街区保护规划》	提升了旅游资源价值和城市形象，吸引了更多游客和投资	限制当地的经济发展潜力，影响当地居民的利益，同时过多的游客可能带来社会问题
天津滨海国家海洋公园	天津市人民政府办公厅印发《天津市海洋生态环境保护实施方案》	保护海岸带生态资源和修复受损自然岸线；建立各类型保护地和开展红树林、珊瑚礁等栖息地恢复等	渔民对此重视程度不够，保护意识不强，还存在一定程度的生活污染
广东省东沙群岛珊瑚礁	广东省人民政府印发与实施《广东省海洋功能区划》	建立类型多样、布局合理、功能完善的海洋保护区体系	执法的力量和力度不足，保护区通常存在工作人员和船只不足的现象，无法有效管理大的海域

海洋主体功能区的实践旨在实现海洋资源的合理利用、生态环境的保护和海洋可持续发展。通过科学规划和综合管理，海洋主体功能区的实践在国内不断深入推进，为海洋经济的可持续发展和生态环境的健康保护提供了重要支持，也为保护海洋生物多样性作出了不可估量的贡献，但是存在的不足仍是各个部门在海洋规划与开发中应该切实考虑的。

三、国外海洋主体功能区成效

欧洲国家在海洋主体功能区规划方面积累了丰富的经验。他们注重生态保护与经济发展的协调，通过建立海洋生态系统保护区、渔业管理区等方式，实现海洋资源的可持续利用。欧洲国家的海洋主体功能区规划实践强调综合管理和跨部门合作。他们制定了一系列法律、政策和管理措施，以确保海洋生态系统的健康和可持续发展。在规划过程中，注重科学评估和数据支持，确保规划的科学性和可行性。欧洲国家还注重与利益相关方的合作，包括渔民、海洋产业、环保组织等。通过广泛的利益相关方参与，促进了规划实施的顺利进行，并增强了规划的可持续性和可接受性。

日本在海洋主体功能区规划实践方面具有较为完善的法律体系和管理机制。他们注重科学评估和数据支持，以确保规划的科学性和准确性。日本通过建立渔业保护区、海洋自然保护区等措施，保护海洋生态系统和渔业资源。日本的海洋主体功能区规划实践强调公众参与和信息公开。他们鼓励公众参与规划决策过程，征求公众意见，并提供相关信息，增加规划的透明度和可信度。

美国在海洋主体功能区规划实践方面注重综合管理和跨部门合作。他们建立了一套完善的管理体系，涉及多个部门和机构，以确保规划的一致性和协调性。美国的海洋主体功能区规划实践强调科学基础和决策支持。他们通过科学研究和数据收集，评估海洋生态系统和资源状况，为规划提供科学依据。同时，他们注重与利益相关方的合作，确保规划的可行性和可接受性。

澳大利亚、新西兰和东盟国家在海洋主体功能区规划实践方面也取得了一定的成效。他们注重保护海洋生态系统的完整性和稳定性，通过制定保护政策和管理措施，促进海洋可持续发展。这些国家在海洋主体功能区规划实践中注重科学评估、综合管理和公众参与。他们通过跨部门合作和利益相关方的参与，推动海洋规划的实施和管理。同时，他们也借鉴国际经验和最佳实践，不断改进规划方法和措施。

四、总结及借鉴

（一）平衡生态保护与资源开发

在海洋主体功能区规划实践中，注重生态保护与资源开发的平衡是一项重要的任务，包括保护和恢复生物多样性、保护海洋栖息地和控制污染物排放等。通过建立保护区域、限制开发区和禁止开发区等措施，确保海洋生态系统的完整性和稳定性。但如果仅仅强调生态保护，也不能满足人们对海洋资源的需求。在海洋主体功能区规划实践中，也要注重资源的合理利用和开发。这需要在保护生态系统的前提下，制定科学的开发方案，提高资源利用效率，推动海洋产业的发展。对海洋渔业资源管理、海洋能源开发利用、海洋旅游规划开发等经济活动实行合理有效的管理措施，实现海洋资源的可持续利用，平衡生态保护与资源开发的实践经验对海洋的可持续发展具有重要指导意义。只有在保护和维护海洋生态系统的前提下，才能实现长期的资源利用和经济发展，同时符合人类对自然环境的尊重和依赖，确保海洋资源的可持续性和海洋生态系统的健康。

因此，在海洋主体功能区规划实践中，注重生态保护与资源开发的平衡是一项重要的规律，为海洋的可持续发展提供了重要的指导。这就要求各区域在发展的过程中坚持稳扎稳打、步步为营，统筹安排规划实践的节奏和进度，不急于求成、急功近利。深入推进简政放权、放管结合、优化服务，全面推行准入便利、全过程监管的制度体系，构建与国际接轨的监管标准和规范制度。加大对重大风险的识别和系统性风险的防范力度，完善相应的风险防范对策。开展常态化评估工作，及时纠偏纠错，确保区域自由贸易港建设方向正确、健康发展。

（二）多元主体协调，共促海洋发展

海洋主体功能区规划实践强调政府的主导作用以及公众参与和社会认同。政府在规划中扮演核心角色，通过制定政策法规、协调利益关系、提供资源和支持等方式推动规划顺利进行，并确保规划方案的有效执行。公众参与和社会

认同则起到补充作用。公众参与通过广泛征求意见、开展讨论，纳入各方利益，增加规划方案的合理性和可行性。同时，社会认同也是推动规划实施的关键因素，需要政府进行有效沟通和信息公开，提供公众参与的机会和平台。只有政府、公众和社会各界共同努力、协调发力，才能推动规划实践取得更好的效果，实现海洋可持续发展的目标。通过政府的主导作用、公众参与和社会认同的协调发力，可以建立更加广泛的共识，提高规划的可接受性和可持续性，为海洋的健康与繁荣打下坚实基础。

（三）运用科技手段，突出改革创新

利用现有的科技手段，通过科学评估对海洋生态系统、资源利用和环境影响进行全面客观的分析和评价，为各区域海洋主体功能区规划提供科学依据。资源评估和环境影响评价可以预测规划实施的效果和可能的环境影响，确保规划与环境的协调发展。数据支持是科学评估的基础，现代技术手段的应用为海洋数据的采集、处理和分析提供了强大支持。遥感技术、地理信息系统和数据模型的应用可以提供全面的海洋数据，帮助规划者更好地理解和利用数据。通过注重科学评估和数据支持，海洋主体功能区规划实践可以制定科学合理的规划方案，提高规划的科学性、可行性和效果性，推动海洋的可持续发展。

增强各区域的改革创新意识，给予区域发展更大的改革自主权，支持各区域在各领域开展改革创新，积极探讨制定适应自由贸易港建设的更加灵活有效的法律、法规、监管模式和管理制度，努力消除生产要素流通的体制机制障碍。进一步扩大货物和要素流通的开放，加速规则等体制的开放，以高水平的开放来促进全面深化改革。要强化改革的系统集成，注意协同推进，让各个领域的创新举措相互配合、相得益彰，从而提升改革和创新的总体效果。

（四）海洋主体功能区规划监测、评估和适应性管理

国外在规划实施监测和评估方面的重视程度较高，其中澳大利亚大堡礁海洋公园是海洋空间管理规划实践的一个典范。这一实践通过选择和确定生态、经济、社会以及管理效果等方面的50多项指标，对海洋空间规划进行监测，并评估其分区适应性和管理政策的有效性。这种全面的监测和评估方法在理论上和实践中都具有重要意义。这一实践的重要之处在于，它强调了海洋空间规划的分区适应性和管理政策的有效性。通过监测和评估，可以确定规划分区的适应性，即划定的不同区域对保护和管理目标的实现程度。同时，评估可以揭示管理政策的有效性，即制定的规章制度和管理措施是否能够达到预期的效果。通过对规划分区和管理措施的不断完善，可以提高海洋空间规划的质量和效果。这种监测和评估的实践具有一定的理论意义。首先它强调了规划实施的持续性和适应性，意味着规划过程并非一次性的，而是需要不断跟踪和调整。其次这种方法突出了规划的综合性，将生态、经济、社会和管理等多个因素纳

入考虑，使规划更加全面。而且它还注重评估的重要性，通过对规划实施效果的评估，可以为未来的规划提供宝贵的经验和教训。

五、优化建议

（一）加强科研支持，提高规划准确性

为了提升海洋主体功能区规划实践的科学性和准确性，需要加强科学研究和技术支撑，努力为海洋资源管理、生态保护和可持续发展提供更坚实的基础。增加对海洋科学研究的投入，进而提升海洋科学领域的机构科研能力和项目研究质量，我们可以深入了解海洋生态系统、物种多样性、海洋环境变化等方面的知识。这些研究成果可以为海洋主体功能区规划提供科学依据，帮助我们更好地了解海洋的特点和潜力。我们更应该致力于推动技术创新和应用，以提高海洋数据采集、监测和分析的能力。当然先进的遥感技术、无人机技术、传感器技术等可以提供高分辨率、实时性和全球范围的海洋数据。通过数据挖掘、人工智能和大数据分析等技术，我们可以更好地理解海洋系统的复杂性和相互作用，为规划决策提供更准确、全面的信息。更迫切的是要推进建立跨学科的合作机制，使科学家和政策制定者能够进行密切的交流和合作。科学家可以提供专业的知识和建议，帮助政策制定者制定科学合理的海洋主体功能区规划策略。政策制定者可以将科学研究的成果纳入规划过程，确保规划的科学性和可行性。

总之，加强科学研究和技术支撑是提升海洋主体功能区规划实践科学性和准确性的关键。通过深入的科学研究、技术创新和学术与决策者的合作，我们可以更好地理解海洋系统的复杂性，制定科学合理的规划策略，实现海洋资源的可持续利用和生态环境的保护。

（二）健全法律法规，加强法治保障

为了加强海洋主体功能区规划的法治保障，需要健全海洋法律法规体系，确保规划的合法性、权威性和可行性。

必须加强海洋法律法规的制定和修订。制定专门针对海洋主体功能区规划的法律法规，明确规定规划的目标、原则、程序和责任。这些法律法规应涵盖海洋资源利用、环境保护、生态修复、风险管理等方面的规定，确保规划与国家法律法规体系的一致性。同时要建立健全海洋主体功能区规划的决策和管理机制。明确政府各级部门的职责和权力，形成跨部门协作的机制。要大力推进建立规划的监督和评估体系，确保规划的有效执行和效果评估。加强对违法行为的惩处力度，维护规划的权威性和严肃性。要切实加强海洋法律的执法和司法保障。完善执法机构的组织和职能，加强执法力量的培养和专业化建设。推进综合治理，加大对海洋主体功能区规划违法行为的打击力度，确保规划的实施不受干扰和破坏。最重要的是要加强公众参与和信息公开。建立信息公开制

度，及时向公众公布相关的规划决策、执行情况和评估结果。组织公众参与的渠道和机制，开展听证会、座谈会等形式的民主参与，征集公众意见和建议。放眼全球，加强国际合作与交流。积极参与国际海洋法律法规的制定和修订，与国际社会分享海洋主体功能区规划的经验和实践。加强与周边国家和地区的合作，共同推动海洋规划的国际合作和交流，实现海洋资源的可持续利用和共同发展。

（三）减少海洋破坏，多方合力推动

为了顺利推动海洋主体功能区实践，需要积极推动政府、企业和公众之间的合作，提高社会参与度和形成共识，这样的多方合力将为海洋保护和可持续发展提供支持和动力。

政府在海洋主体功能区规划实践中起着核心作用。政府需要制定并执行相关政策和法规，确保海洋资源的合理利用和保护。政府还应促进各利益相关方之间的沟通和协调，确保规划实践的顺利进行。政府部门应加强监管和执法力度，确保规划的执行和效果。企业在海洋主体功能区规划中具有重要影响力。企业应该积极参与规划过程，充分了解规划的目标和要求，并将其纳入业务战略中。企业应该主动采取环保措施，减少对海洋生态的破坏，并积极参与海洋保护项目。政府应该为企业提供必要的政策支持和激励措施，鼓励企业履行社会责任，推动可持续发展。

公众的参与和社会共识对于海洋主体功能区规划至关重要。公众应该被广泛征求意见，并参与决策过程。政府和企业应该加强与公众的沟通，提高公众对海洋保护的认识和参与度。为了形成多方合力，政府、企业和公众应该建立起合作机制，共同制定并执行可行的海洋主体功能区规划。相关各方应该积极交流信息、分享经验，并开展合作项目，共同推动海洋保护和可持续发展的目标。力争通过政府、企业和公众之间的合作，提高社会参与度和形成共识，为海洋主体功能区规划实践的顺利进行提供更好的支持。这将有助于保护海洋生态系统，促进经济可持续发展，实现人与自然的和谐共存。

（四）借鉴国际经验，加强国际合作

要始终坚持高起点规划、高标准建设，要积极主动适应国际经贸规则重构新趋势，要对国际自由贸易港中先进的经营方式、管理方法和制度进行深入研究，从而制定出一套有国际竞争能力的开放政策和制度，加快建立开放型经济新体制，从而加强对地区的辐射带动能力，使之成为我国与世界经济体系深度融合的前沿地带。海洋主体功能区规划实践需要充分认识到国际合作与经验借鉴的重要性。海洋问题具有全球性和跨国界性，各国之间的合作与经验借鉴可以为规划提供宝贵的经验和智慧。国际合作可以共同解决共性问题，避免重复努力，提高规划实践的效率和效果。国际合作为规划提供更广阔的视野和资源支持，促进科学研究、数据共享和技术创新。国际合作和经验借鉴提升规划实践的质量和可持续性，为规划提供多元化思路，确保海洋资源的可持续利用和生态环境的保护。通过加强国际交流与合作，各国共同应对海洋问题，提高规划实践的水平和效果，为海洋的可持续发展作出贡献。总之，国际合作与经验借鉴是海洋主体功能区规划实践的重要规律，对国内外海洋管理和可持续发展具有指导意义。

总之，通过借鉴国外海洋主体功能区规划实践经验，我们可以在制定海洋规划时注重科学评估和数据共享，强调综合管理和跨国合作，积极促进公众参与和与利益相关方的合作。这将有助于实现海洋资源的可持续利用和生态系统的保护，推动实现我国海洋可持续发展目标。

第五节　典型案例

以温州龙湾省级海洋特别保护区规划为案例，说明海洋主体功能区规划的基本要素和基本要求。

2019 年 3 月，浙江省政府批复同意建立温州龙湾省级海洋特别保护区，并在同期公布《龙湾省级海洋特别保护区总体规划（2018—2027 年）》，计划用 10 年时间，实施重要资源和生态的保护项目，重点突出生态效益，兼顾资源效益、社会效益和经济效益，使之成为具有浙江特色的省级海洋特别保护区。温州龙湾省级海洋特别保护区建设是龙湾区推进海洋生态文明，实行海洋生态系统保护和修复，促进海洋资源可持续利用和推动海洋环境保护的重要举措。

一、温州龙湾省级海洋特别保护区的区划与功能

海洋空间依据主体功能划分的四类区域中，禁止开发区是在保护海洋生物多样性和海洋生态系统方面有重要作用的区域，包括海洋特别保护区。海洋特别保护区是指一种具有特殊地理条件、生物和非生物资源及海洋开发利用的特殊需要，必须采取有效保护措施和科学发展方法对其进行特殊管理的区域。海洋特别保护区的建立，就是要充分发挥作用，保护这一地区的自然环境和生态环境，拯救开发过程中遭受破坏的海洋资源与环境。海洋特别保护区分为四大类：特殊地理条件保护区、生态系统与景观保护区、海洋资源保护区及特殊开发利用保护区。根据上述四个海洋特别保护区基本类型及各区保护强度差异，对温州龙湾省级海洋特别保护区进行科学合理的功能分区。

二、温州龙湾省级海洋特别保护区地理位置

温州龙湾省级海洋特别保护区位于瓯江南口的树排沙浅滩及周边海域，计

划规划总面积为 2 294.8 公顷，重点保护区面积为 733.5 公顷。西南侧距龙湾大陆岸线约 100 米，东北侧距灵昆岛约 700 米、以龙湾区和洞头区分界线为界，北侧以潜坝为界，南侧以温州浅滩一期和瓯飞一期一线为界。

三、温州龙湾省级海洋特别保护区的湿地资源

温州龙湾省级海洋特别保护区有大面积的湿地资源，其地处的温州市瓯江南口的树排沙浅滩及周边海域所在海区经过长年泥沙淤积，形成大片裸露沙洲湿地，该湿地在浙江省拥有独一无二的自然河口沙洲地貌，湿地面积 1 191.04 公顷，包括红树林地、河流水面两类湿地。

温州龙湾省级海洋特别保护区的湿地以红树林地为主，2012 年在申报市级海洋特别保护区时开始种植红树林，2020 年初又制定保护区“红树林生态资源保卫战”生态文明建设任务，经过多年努力，目前种植的红树林面积为 1 000 余亩，是我国最北位置大规模人工种植红树林的海区，也是我国最北位置最大规模种植红树林的河口湿地。

红树林是“天然基因库”的一员，是众多海洋生物栖息产卵之所，具有重要的生态恢复功能，同时该保护区是国际鸟类保护联盟确立的重要湿地鸟区，据记载，2021 年记录鸟类 99 种，国家一级保护动物 4 种，国家二级保护动物 14 种，在浙江省具有典型性。

四、保护区生态提升工程

（一）保护区生态提升工程的政策支持

根据《温州市海洋生态建设三年行动方案（2018—2020 年）》，温州市将集中财力物力狠抓项目落地，从开展海岸线整治与修复、沙滩优化治理、滩涂湿地功能修复、海洋公园和保护区建设、海洋生物资源恢复、生态岛礁和海洋牧场建设等六个方面对补齐海洋生态建设短板、筑牢蓝色生态屏障做出努力，力求全面建设美丽健康海洋。

《龙湾省级海洋特别保护区总体规划（2018—2027 年）》旨在进一步改善温州湾河口湿地的生态环境，提升保护区生物多样性，构筑以红树林保护为特色的河口湿地生态修复样板、鸟类栖息天堂。该规划与浙江省水利河口研究院合作，获得了浙江省亚热带作物研究所、浙江海洋大学、浙江省海洋水产养殖研究所专家指导。此外，还是温州首个海洋特别保护区详细规划。

《温州龙湾省级海洋特别保护区详细规划》针对温州龙湾省级海洋特别保护区现状问题进行了深入分析，并借鉴国内红树林湿地保护的先进做法和经验，谋划保护区未来功能定位及目标，提出今后生态修复具体措施。通过完善保护区组织管理、基础设施、科研监测三大体系建设，促使保护区及周边生态

系统得到显著恢复，生物多样性更加丰富，河口沙洲地貌更加稳固。

温州市海洋与渔业局按照实施条件成熟、示范性强、生态效果明显等要求，经过实地踏勘、专家审查、会议研究等严格论证过程，对龙湾海洋特别保护区生态实行修复工程（图 5－7）。

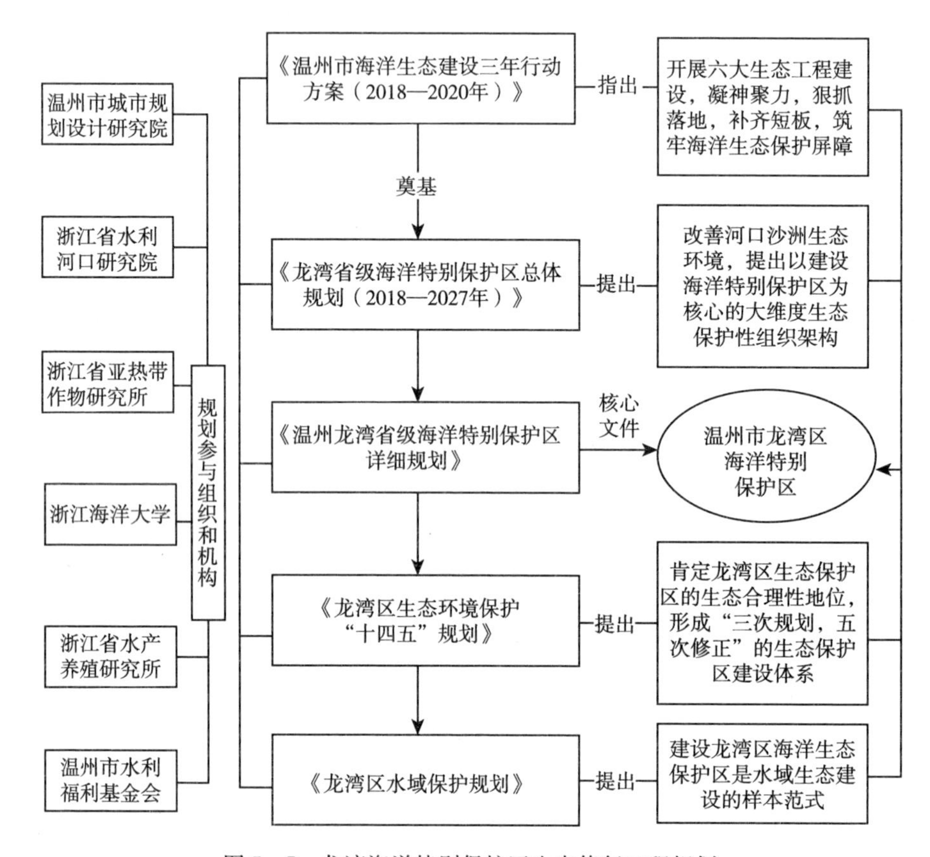

图 5－7　龙湾海洋特别保护区生态修复工程规划

（二）规划内容

根据浙江省政府批复的要求，温州龙湾省级海洋特别保护区通过招标，聘请温州市城市规划设计研究院（牵头方）联合浙江省水利河口研究院对温州龙湾省级海洋特别保护区进行详细规划。保护区的主要保护对象为河口沙洲滨海地貌、红树林湿地及周边海域生态系统和生物资源、区域生态环境，缺乏整体设计和相关基础设施。规划从红树林、鸟类的视角出发，重塑国际候鸟栖息地，保护鸟类栖息生态环境和红树林河口湿地地貌，塑造多样性的候鸟生境。通过正向干预的手段，按照生态分区管控要求，对周围生态系统进行修复，构建圈层设施准入标准，建设河口湿地生态修复示范窗口。

规划将系统设计保护区科研、景观等功能分区，一次设计、分步实施。拟建景观栈道 100 米，30 米^2 观鸟平台 1 座，监控设备 1 套及相关辅助设施，建成后将极大便捷保护区管理和科研科普活动、市民休闲观光。龙湾区海洋与渔业局负责承担建设，国家海洋局温州海洋环境监测中心站等单位提供技术指导。

（三）规划特色

重塑国际候鸟迁徙线的停歇地，基于红树林生长特点，构建以红树林为主导的“蓝碳经济”，充分发挥红树林的生态效益，提升海洋生态系统碳汇能力，打造碳中和重要增长极。同时以鸟为本，发挥红树林“天然基因库”的作用，塑造多样性的候鸟生存环境。

恢复河口湿地的可持续生境建设，严格准入设施，仅允许准入不会对红树林湿地造成破坏的生态修复和科研监测设施，建设设施拟生态式布局。加强设施生态化管控，突出生态主题，最大限度恢复和维护湿地生态特征和风貌，保护湿地生物多样性。

温州市要编制实施保护区总体规划，并根据浙江省政府批复情况，继续探讨构建海洋保护区详细规划体系，对重点保护区实施严格的保护制度，对河口沙洲地形地貌、红树林湿地、鸟类、潮间带海洋生物资源加强保护，与保护无关的工程建设活动禁止实施；强化适度利用区资源开发与环境保护的协调管理，加大生态整治与修复力度，预防、减少和控制保护区自然资源与生态环境遭到破坏，制定保护区“红树林生态资源保卫战”生态文明建设任务（表 5－11）。

表 5－11　生态文明建设任务

保护对象	分类	描述
水源保护区	自然保护区	以滨海沙滩区、矮山自然泉水等水源为主要保护对象，咸水系统主导的水源地采取和保护利用制度都需要规范化设置
植被保护区		以保护本地区典型的植被类型、植物群落和珍稀、濒危植物为主要目的，主要是红树林和湿地植物
野生动物保护区		以保护本地区典型的野生动物种类和栖息地为主要目的，海洋生物由于其特殊性和流动性，采取网格化形式扁平管理
湿地保护区		以保护河流入海口、近海沼泽、濒海藓区、滩涂等湿地生态系统为主要目的
自然景观保护区		以保护自然海景、山石、水体等自然景观为主要目的，当地特殊的海蚀景观是自然形成的天然景色，也是很多动物的栖息地，要保护海蚀自然遗产，形成遗产框架化管理

（续）

保护对象	分类	描述
人文景观保护区	人文保护区	以保护历史文化遗产、传统建筑、民俗文化等人文景观为主要目的，已有的旧时期渔业文化产业景观具有相当的科研代际价值
科学教育基地		以开展生态环境保护领域的科学研究、教育培训和科普等活动为主要目的

五、启示

温州龙湾省级海洋特别保护区拥有丰富的湿地资源，这些湿地资源是保护海洋生态环境的重要基础，湿地也是海洋资源的重要组成部分。另外作为生态提升工程的一部分，在制定规划时，需要考虑如何提升生态系统的质量和效益。可以看到的是温州龙湾省级海洋特别保护区开展了一系列的生态提升工程，包括增加湿地植被、修复受损的海洋生态系统等，这些工程的实施对于保护海洋生态环境起到了重要作用。

在本案例的讨论中体现出很多海洋主体功能区的划分原则和划分理论，是一个典型的禁止开发区的详细规划案例，具有相当的可塑性、参考性和典型的理论优势（表 5 - 12）。

表 5 - 12　案例规划具体情况

规划情况	具体内容
规划内容	规划包括海洋生态保护、湿地资源保护、生态提升工程等多个方面，体现海洋主体功能区划分的陆海统筹原则
规划特色	规划特色在于综合考虑了经济效益和生态效益，将两者有机结合起来，既保护了海洋生态环境，又促进了经济可持续发展，体现了海洋主体统筹规划的保护性、和合性，禁止开发区的开发并不是简单的强制闭锁，而是开发和保护并存，教育性开发对整体的海洋生态保护工程有根源性支持作用
规划成效	规划成效证明了规划的时效性和专有性。经过规划实施，温州龙湾省级海洋特别保护区的生态系统得到了修复和提升，海洋生态环境得到了有效保护，经济效益也得到了提升，增强了生态系统修复能力

本案例对其他的禁止开发区规划有以下启示。

在海洋主体功能区规划中，划定明确的禁止开发区，以保护海洋生态系统和海洋文化遗产。这个区域应该尽可能广泛，覆盖整个保护区，并严格限制人类活动，例如海洋开发、捕鱼、旅游等。积极的科教文卫活动要有限度有计划地体系化开展，同时加强监管和执法，为了确保禁止开发区得到有效的保护，需要加强监管和执法力度。政府部门应该派遣专业的监管人员，定期对禁止开发区进行巡逻，同时加强对非法开发行为的打击，确保保护区内的生态环境和文化遗产得到切实保护。

加强公众教育和宣传是保护海洋生态系统和文化遗产的根本手段。政府部门应该通过多种渠道，例如宣传教育、培训、科普展览等，向公众宣传海洋保护的意义和方法，增强公众的环保意识和责任感。科学认识现实矛盾冲突，妥善处理好历史遗留问题。海岸带地区是人类活动最为频繁的地带，在保护地管理过程中，应充分论证保护地内现存人为活动的产生原因，针对性地提出整改措施，既要秉持严格保护的原则，又要以兼容并蓄的先进理念，科学甄别哪些人为活动对保护地干扰较大，哪些在保护地发展和保护过程中允许，并根据不同的保护对象和保护目标维持保护地的完整性，保障人民群众的利益最大化。建立合作机制也是保护海洋生态系统和文化遗产的重要举措。政府部门应该加强与当地社区、科研机构、环保组织等各方面的合作，共同保护保护区内的生态环境和文化遗产。

各个地方的海洋主体功能区的分区和定位都有区别，因此要根据各地实际情况，吸收借鉴其他地方的经验和实践，因地制宜做出合理的规划，充分发挥规划的作用，兼顾各方利益的同时优先遵从保护性、陆海统筹、和合性的主体功能区划分原则，使利益最大化。

安太天，朱庆林，岳奇，等，2019. 我国海洋空间规划“多规合一”问题及对策研究［J］. 海洋湖沼通报，168（3）：28－35.

曹忠祥，宋建军，刘保奎，等，2014. 我国陆海统筹的重点战略任务［J］. 中国发展观察（9）：42－45.

陈菲，王蓉，2021. 基于大数据的海洋安全治理论析［J］. 太平洋学报，29（7）：93－104.

陈建，陈凤英，朱燕燕，2018. 海洋主体功能区规划与开发研究综述［J］. 中国水产科学，25（1）：169－179.

陈克亮，吴侃侃，黄海萍，等，2021. 海洋生态修复政策存在的问题及对策建议［EB/OL］. (04－21)［2024－07－19］. https：//aoc. ouc. edu. cn/2021/0421/c9821a319829/pagem. htm.

陈涛，容曼婷，叶丽娜·叶列麦斯，2022. 广东省金融支持海洋产业结构优化研究［J］. 现代营销（下）（9）：59－61.

陈颖，黄丽，2021. 基于《海洋旅游产品开发》的海南省海洋旅游资源开发与保护［J］. 人民黄河，43（8）：168.

程遥，李渊文，赵民，2019. 陆海统筹视角下的海洋空间规划：欧盟的经验与启示［J］. 城市规划学刊（5）：59－67.

丁浩虹，欧阳依妮，2022. 基于复合生态理念的海岛公园综合建设实践——以珠海市东澳岛为例［J］.《规划师》论丛（1）：334－339.

樊杰，2007. 我国主体功能区划的科学基础［J］. 地理学报（4）：339－350.

方春洪，刘堃，滕欣，等，2018. 海洋发达国家海洋空间规划体系概述［J］. 海洋开发与管理，35（4）：51－55.

傅晓冰，2022. 将红树林要素融入大文旅产业链［N］. 南方日报，10－03（2）.

傅幸之，桑劲，矫鸿博，2020. 基于海洋空间特征的海洋空间规划技术路径［J］. 中国土地，408（1）：29－32.

高金柱，张洪芬，杨潇，等，2023. 海洋空间规划的陆海统筹路径研究——《海岸带资源治理：对可持续蓝色经济的意义》的启示［J］. 海洋湖沼通报，45（2）：741.

郭雨晨，2020. 欧洲跨界海洋空间规划实践研究及对南海区域合作的启示［J］. 海南大学学报（人文社会科学版），38（4）：20－27.

国家海洋局，2019. 海洋空间规划编制工作指南［M］. 北京：中国海洋出版社.

参 考 文 献

国务院，2015. 国务院关于印发全国海洋主体功能区规划的通知 [J]. 中华人民共和国国务院公报，1528 (25)：6-22.

韩爱青，索安宁，2022. 试论新时代海洋空间规划的规划层级及规划重点 [J]. 海洋环境科学，41 (5)：74.

韩军，蒋凤梅，2019. 海洋主体功能区规划与开发实践研究 [J]. 海洋科学进展，37 (3)：95-103.

韩增林，仝燕波，王耕，2022. 中国海洋生态安全时空分异及演化趋势研究 [J]. 地理科学，42 (7)：1166-1175.

郝会娟，2022. 黄海、东海构建中日韩海洋环境区域保护合作机制研究 [J]. 贵州社会科学，387 (3)：87-95.

何广顺，王晓惠，赵锐，等，2010. 海洋主体功能区划方法研究 [J]. 海洋通报，29 (3)：334-341.

洪霞，曾雅，张瑜，2021. 日本海洋经济 [M]. 太原：山西经济出版社.

黄杰，王权明，黄小露，等，2019. 国土空间规划体系改革背景下海洋空间规划的发展 [J]. 海洋开发与管理，36 (5)：14-18.

黄小露，王权明，李方，等，2019. 美国东北部海洋空间规划简介及对我国的借鉴 [J]. 海洋开发与管理，36 (9)：3-8.

《环境保护》编辑部，2023. 加强海洋生态保护构建海洋命运共同体 [J]. 环境保护，51 (6)：2.

贾宁，刘强，石先武，等，2022. 中国沿海地区海洋灾情评价及空间格局分析 [J]. 灾害学，37 (2)：16-20.

姜晓斌，2007. 海洋经济学 [J]. 经济与管理 (6)：63-64.

金永明，2021. 论海洋命运共同体理论体系 [J]. 中国海洋大学学报（社会科学版）(1)：1-11.

柯灝，2019.《海洋水文测量》教学方法探讨 [J]. 教育现代化，6 (87)：281-282.

雷蕾，肖红燕，任海利，等，2023. 基于资源环境承载力的乡村土地利用空间布局优化——以贵州省开阳县为例 [J]. 国土与自然资源研究，204 (3)：1-7.

李诚浩，任保平，2023. 中国区域资源环境承载力的空间特征及收敛性分析 [J]. 人文地理，38 (2)：88-96.

李大树，刘强，董芬，等，2021. 海洋温差能开发利用技术进展及预见研究 [J]. 工业加热，50 (11)：1-3，16.

李东旭，2011. 海洋主体功能区划理论与方法研究 [D]. 青岛：中国海洋大学.

李光辉，2021. 英国特色海洋法制与实践及其对中国的启示 [J]. 武大国际法评论，5 (3)：40-61.

李洪毅，2022. 四个海洋主体功能区的实践与研究 [J]. 海洋经济，(4)：11-15.

李森，许友伟，孙铭帅，等，2022. 气候变化对海洋鱼类群落结构的影响研究进展 [J].

海洋科学，46（7）：120－129.
李生辉，2022.海洋空间规划的缘起、演变与展望——基于全球数据的实证分析［J］.太平洋学报，30（11）：92－106.
李双建，2014.主要沿海国家的海洋战略研究［M］.北京：海洋出版社.
李双建，王江涛，刘佳，等，2012.海洋规划体系框架构建［J］.海洋湖沼通报，133（2）：129－136.
李涛，2021.基于文化重塑的滨海人居空间品质提升研究［C］//中国城市规划学会，成都市人民政府.面向高质量发展的空间治理——2020中国城市规划年会论文集.北京：中国建筑工业出版社.
李小飞，2023.基于环境承载力的体育旅游开发研究［J］.环境工程，41（3）：264－265.
李晓超，乔超亚，王晓丽，等，2021.中国潮汐能概述［J］.河南水利与南水北调，50（10）：81－83.
李晓璇，刘大海，李晨，等，2016.海洋战略性新兴产业集群形成机理的初步探索［J］.海洋开发与管理，33（11）：3－8.
李岩，王冬梅，熊康宁，2017.海洋主体功能区规划与管理的理论与方法研究进展［J］.海洋开发与管理，34（4）：76－82.
李彦平，刘大海，姜伟，等，2022.国土空间规划视角下海洋空间用途管制的关键问题思考［J］.自然资源学报，37（4）：895－909.
李杨帆，向枝远，李艺，2019.海岸带韧性：陆海统筹生态管理的核心机制［J］.海洋开发与管理（10）：5－9.
李业忠，2008.海洋规划要具有可操作性［J］.新经济杂志（7）：25－26.
李云，方晶，2021.国土空间规划体系的海洋管理及规划发展研究［J］.南方建筑，202（2）：45－50.
梁斌，李飞，鲍晨光，等，2022.《2021年中国海洋生态环境状况公报》解读［J］.环境保护，50（11）：56－58.
林静，曹建刚，2017.海洋主体功能区规划理论与实践［J］.海洋开发与管理，34（2）：59－66.
林丽娟，2022.海洋生态环境赋能“海上福州”建设对策研究［J］.中国海洋经济，7（2）：87－100.
刘天宝，2019.人海关系地域系统视角下海洋本体的解构与研究重点［J］.地理科学，39（8）：1321－1329.
刘向东，2005.创建我国海洋科技产业城研究［D］.青岛：中国海洋大学.
刘小丁，2023.广东省海岸带地区资源环境承载能力综合评价［J］.热带地理，43（3）：15.
刘晓慧，丁磊，杨静，2022.从理论到实践：四个海洋主体功能区的规划与管理［J］.海洋开发与管理，35（2）：75－80.

刘彦随，2020. 现代人地关系与人地系统科学 [J]. 地理科学，40 (8)：1221-1234.
刘志雄，程阳，彭真，2023. 北部湾海洋生态环境与海洋经济高质量发展研究 [J]. 中国物价 (2)：50-54.
娄星宇，罗万财，2018. 基于建设海洋生态保险市场的海洋区域规划研究 [J]. 海洋经济，37 (11)：1-8.
陆辉，范俊英，2015. 海洋区域空间规划实践及流程分析 [J]. 海洋开发与管理，32 (3)：16-22.
陆韬，王飞，张亚南，等，2020. 基于海洋主体功能区的海洋经济发展空间布局研究 [J]. 海洋经济研究，40 (3)：64-70.
鹿守本，艾万铸，2001. 海岸带综合管理 [M]. 北京：海洋出版社.
吕明珠，李睿倩，胡恒，等，2021. 海洋空间规划应用生态系统服务的国内外研究进展 [J]. 海洋开发与管理，38 (1)：14-23.
栾维新，2005. 海洋规划的区域类型与特征研究 [J]. 人文地理 (1)：37-41.
罗成书，周世锋，2017. 浙江省海洋空间规划"多规合一"的现状、问题与重构 [J]. 海洋经济，7 (3)：52-59.
罗明，陈玉飞，倪敏东，2016. 海洋生态文明视角下海湾区域规划布局探索——以宁波市象山港区域空间保护和利用规划为例 [J]. 规划师，32 (12)：63-69.
马雪莹，张海林，李波，等，2023. 地学视角下济南市资源环境承载力评价 [J]. 西北地质，56 (2)：337-344.
潘舒洁，2020. 基于 U3D 的海洋垃圾清理的 VR 游戏设计与实现 [J]. 现代信息科技，4 (21)：94-96.
逄苗，赵翰，房欣第，2023. 倾力写好海洋强国"中集答卷" [N]. 烟台日报，06-15 (2).
曲升，2017. 南太平洋区域海洋机制的缘起、发展及意义 [J]. 太平洋学报，25 (2)：1-19.
全国海洋标准化技术委员会，2011. 海洋主体功能区区划技术规程：HY/T 146—2011 [S]. 北京：中国标准出版社.
邵毅，姚志强，庄伟，等，2021. 基于博弈论的海洋区域规划利益相关者协调研究 [J]. 海洋经济 (4)：55-63.
石意如，陈辉，向鲜花，2019. 海陆统筹视阈下海洋主体功能区生态预算研究 [J]. 财会月刊，858 (14)：98-103.
史建成，2023. 生态系统如何规定环境价值——从当代中国价值理论反思出发 [J]. 中国地质大学学报 (社会科学版)，23 (3)：96-108.
宋銮鑫，鲍梓婷，华国栋，等，2023. 陆海统筹视角下海岸带界定的景观方法与工具：基于英格兰 SCA 实践研究 [J]. 中国园林，39 (5)：86-91.
宋岳峰，余静，岳奇，等，2019. 基于生态系统的海洋空间规划分区方案研究 [J]. 海洋湖沼通报 (6)：166-171.
苏玉同，2022. "蓝色粮仓"：海洋生态资源承载、渔业科技创新与渔业经济发展动态关系研究——基于面板数据PVAR模型的经验证据 [J]. 生态经济 (8): 99-104.
孙海洋，王蕾，张志勇，2017. 海洋主体功能区规划与开发的关键问题与对策研究 [J]. 海洋开发与管理，34 (1): 78-85.
孙久文，高宇杰，2021. 中国海洋经济发展研究 [J]. 区域经济评论 (1): 38-47.
孙瑞杰，杨潇，2019. 海洋规划编制、评估理论和技术方法研究：以天津市海洋经济和海洋事业发展“十三五”规划研究为例 [M]. 北京：海洋出版社.
孙毅超，肖帅，李金宣，2022. VR技术在海洋工程实践教学改革中的应用 [J]. 中国现代教育装备 (15): 28-30.
孙永涛，王鹏，侯利亚，等，2019. 基于海洋主体功能区的海洋生态环境质量评价研究 [J]. 环境科学与管理，44 (11): 133-140.
唐朝晖，张乾利，郑虎成，2016. 基于空间多目标编程的海洋区域规划——以福建省东海海域为例 [J]. 生态经济，32 (7): 135-142.
唐泓淏，张宝路，余静，等，2022. 挪威北极海洋空间规划进展与启示 [J]. 环境与可持续发展，47 (4): 43-49.
汪雪，陈培雄，王志文，等，2022. 国土空间规划体系中县级海洋空间规划编制实践 [J]. 规划师，38 (8): 91-97.
王佳，杨坤，王慧，等，2016. 我国沿海地区海洋资源利用与经济发展的时空耦合研究 [J]. 广东海洋大学学报，36 (5): 15-22.
王晶晶，徐春培，阙琨，2021. 真情深耕八闽大地 重彩书写农金华章 [N]. 中国经济时报，07-23 (A05).
王梦雨，耿晶晶，2012. 海洋经济可持续发展及其评价 [J]. 现代化海洋 (7): 213-216.
王启栋，宋金明，袁华茂，2023. 基于“双核”评价框架的近40年来胶州湾海洋环境健康状况演变 [J]. 海洋开发与管理，40 (4): 29-38.
王圣云，2011. 多维转向与福祉地理学研究框架重构 [J]. 地理科学进展，30 (6): 739-745.
王婷婷，唐卫东，王静，等，2019. 基于海洋主体功能区的海洋生态脆弱性评价研究 [J]. 海洋科学，43 (10): 18-25.
王项南，麻常雷，2021. “双碳”目标下海洋可再生能源资源开发利用 [J]. 华电技术，43 (11): 91-96.
王燕，刘邦凡，段晓宏，2018. 盐差能的研究技术、产业实践与展望 [J]. 中国科技论坛，265 (5): 49-56.
卫宝泉，2018. 基于海洋功能区划的江苏省海岸线开发承载能力评价 [J]. 海洋环境科学，37 (4): 7.
闻调琳，林欣源，2017. 海洋生态区域空间规划流程研究 [J]. 海洋开发与管理，34 (2): 50-55.
吴传钧，1991. 论地理学的研究核心——人地关系地域系统 [J]. 经济地理 (3): 1-6.
吴后建，刘世好，曹虹，等，2022. 中国红树林生态修复成效评价标准体系探讨 [J]. 湿地科学，20 (5)：628-635.

吴美仪，2018. 海洋矿产资源的可持续发展 [J]. 中国资源综合利用，36 (9)：67-69.

吴雨轩，2019. 浅谈我国海洋生物资源的可持续利用 [J]. 低碳世界，9 (1)：318-319.

武芳，杜佳威，吴芳华，2022. 海底地貌数据综合研究进展 [J]. 测绘学报，51 (7)：1588-1605.

肖士杰，2020. 基于大数据技术的海洋信息监测系统研究与设计 [D]. 济南：山东交通学院.

徐皓，陈家勇，方辉，等，2020. 中国海洋渔业转型与深蓝渔业战略性新兴产业 [J]. 渔业现代化，47 (3)：1-9.

徐晓荣，2023. 智慧型海洋牧场发展研究 [J]. 南方农机，54 (5)：167-169，192.

徐元芹，李萍，刘乐军，等，2017. 河北南堡-曹妃甸海域工程地质条件及海底稳定性评价 [J]. 海洋学报，39 (5)：103-114.

许艳，王晓莉，艾洋漪，2023. 海洋保护地人为活动管理对策研究——以莱州湾为例 [J]. 海洋经济，13 (1)：108-114.

薛志华，2020. 海洋主体功能区的理论基础及管控策略论析 [J]. 边界与海洋研究，5 (5)：54-66.

阎军，2022. 海洋能源开发装备中关键力学问题专题序 [J]. 力学学报，54 (4)：844-845.

杨大海，2018. 海洋空间资源可持续开发利用对策研究——以大连为例 [J]. 海洋开发与管理，111 (1)：29-32.

杨丽华，王俊业，2023. 广东省海洋生态效率的时空演化特征及响应策略 [J]. 中南林业科技大学学报（社会科学版），17 (1)：1-8.

杨潇，孙瑞杰，姚荔，2018. 海洋主体功能区制度：内涵、特征与框架 [J]. 生态经济，34 (8)：180-183.

杨晓彬，2023. 遥感技术及其在海洋测绘领域中的应用 [J]. 科技创新与应用，13 (14)：185-188.

杨艺凝，2020. 可持续发展视域下我国海洋资源现状初探 [J]. 国土与自然资源研究，187 (4)：37-38.

杨云飞，屈桂菲，2021. 我国沿海地区海洋生态环境效率时空演化及影响因素研究 [J]. 中国海洋大学学报（社会科学版）(4)：36-45.

杨泽伟，2019. 新时代中国深度参与全球海洋治理体系的变革：理念与路径 [J]. 法律科学（西北政法大学学报），37 (6)：178-188.

姚郁，2022. 面向海洋未来科技领军人才培养的智慧海洋学院建设研究 [J]. 高等工程教育研究 (2)：8-15.

叶果，李欣，王天青，2020. 国土空间规划体系中的涉海详细规划编制研究 [J]. 规划师，36 (20)：45-49.

佚名，2022. 联合国官员呼吁携手治理海洋塑料污染 [J]. 环境监测管理与技术，34 (2)：6.

翟姝影，裴兆斌，2021. 环渤海经济区海洋生态环境协同治理的法治化［J］. 海洋经济，11（4）：89－96.

张灿，王传珺，孟庆辉，等，2022. 我国典型海洋生态系统健康状况及生物多样性分析［J］. 海洋环境科学，41（3）：423－429.

张程飞，任广波，吴培强，等，2023. 基于高分光学与全极化 SAR 的海南八门湾红树林种间分类方法［J］. 热带海洋学报，42（2）：153－168.

张建东，陈黎明，韩明，等，2020. 基于海洋主体功能区的海洋空间规划研究综述［J］. 海洋开发与管理，37（8）：44－51.

张建英，2022. 海洋空间规划法制建构之比较法研究［D］. 济南：山东大学.

张健庚，贺保卫，张健，等，2021. 基于 VR 的海洋平台远程运维系统设计［J］. 中国新技术新产品（13）：30－32.

张彦华，姚瑞玉，石明，2018. 海洋主体功能区规划与开发综述［J］. 海洋开发与管理，35（6）：46－52.

赵军，张宇，邓安豪，等，2019. 海洋经济综合管理导向下的海洋功能区划［J］. 中国人口·资源与环境，29（6）：151－159.

赵梦，2013. 我国填海造地的驱动因素及对策分析［J］. 海洋开发与管理（5）：1－4.

郑伟，汤永宏，宋庆伟，等，2013. 基于"地理空间—资源—产业"的海洋经济空间动态分析［J］. 海洋开发与管理（4）：64－78.

中华人民共和国中央人民政府，2019. 长江三角洲区域一体化发展规划纲要［EB/OL］.（12－01）［2024－07－19］. https：//www.gov.cn/zhengce/2019－12/01/content_5457442.htm.

中华人民共和国中央人民政府，2021. 规划纲要草案：优化区域经济布局 促进区域协调发展［EB/OL］.［03－05］［2024－07－19］. https：//www.gov.cn/xinwen/2021－03/05/content_5590624.htm.

中华人民共和国中央人民政府，2021. 国务院关于"十四五"海洋经济发展规划的批复［EB/OL］.（12－15）［2024－07－19］. https：//www.gov.cn/zhengce/zhengceku/2021－12/27/content_5664783. htm.

中华人民共和国自然资源部，2010. 海洋特别保护区管理办法［EB/OL］.（08－31）［2024－07－19］. https：//f.mnr.gov.cn/201807/t20180702_1966580.html.

周东蕴，王好贤，周志权，2019. 海洋环境的 LoRa 和 GPRS 远程监测系统设计［J］. 吉首大学学报（自然科学版），40（1）：34－38.

周守为，李清平，2022. 构建自立自强的海洋能源资源绿色开发技术体系［J］. 人民论坛·学术前沿（17）：12－28.

周鑫，陈培雄，黄杰，等，2020. 国土空间规划的海洋分区研究［J］. 海洋通报，39（4）：408－415.

周鑫，陈培雄，黄杰，等，2021. 国土空间规划的海洋分区设计［EB/OL］.（09－26）

[2024-07-19]. https://aoc.ouc.edu.cn/2021/0922/c9824a348405/pagem.htm.

朱坚真，2008. 海洋区划与规划 [M]. 北京：海洋出版社.

TUNDIA，2012. 区划海洋：提高海洋管理成效 [M]. 李双建，译. 北京：海洋出版社.

ALBOTOUSH R，SHAU-HWAI A T，2023. Overcoming worldwide Marine Spatial Planning (MSP) challenges through standardizing management authority [J]. Ocean and Coastal Management，235：10-64，81.

BORJA A，WHITE M P，BERDALET E，et al.，2020. Moving toward an agenda on ocean health and human health in Europe [J]. Marine Ecosystem Ecology，7：37.

BOUWMA I，SCHLEYER C，PRIMMER E，et al.，2018. Adoption of the ecosystem services concept in EU policies [J]. Ecosystem Services，29：213-222.

CHNG L C，CHOU L，HUANG D，2022. Environmental performance indicators for the urban coastal environment of Singapore [J]. Regional Studies in Marine Science，49：102101.

CHOW A M，CARRINGTON M，OZANNE J L，2022. Reimagining the Indigenous art market：site of decolonisation and assertion of Indigenous cultures [J]. Journal of Marketing Management，38：1-2.

CULHANE F E，FRID C L J，GELABERT E R，et al.，2020. Assessing the capacity of European regional seas to supply ecosystem services using marine status assessments [J]. Ocean and Coastal Management，190：105-154.

DECLERCK M，TRIFONOVA N，SCOTT B E H J，2023. Cumulative effects of offshore renewables：from pragmatic policies to holistic marine spatial planning tools [J]. Environmental Impact Assessment Review，101：107-153.

DINCER I，ROSEN M A，KHALID F，2018. Ocean (Marine) Energy Production [M] // Ibrahim Dincer. Comprehensive Energy Systems. Amsterdam：Elsevier.

DIZ D，JOHNSON D，RIDDELL M，et al.，2018. Mainstreaming marine biodiversity into the SDGs：the role of other effective area-based conservation measures [J]. Marine Policy，93：251-261.

DOUVERE F，2008. The importance of marine spatial planning in advancing ecosystem-based sea use management [J]. Marine Policy，32 (5)：762-771.

EHLER C N，2021. Two decades of progress in Marine Spatial Planning [J]. Marine Policy，132：104-134.

EUROPEAN COMMISSION，2011. Maritime Spatial Planning in the EU：Achievements and Future Development [M]. Luxembourg：Publications Office of the European Union.

FANG C，SHAW D，2019. From coastal management to integrated terrestrial planning：evolution of China's marine spatial planning system [C]. Marseille：OCEANS-Conference.

FRIEDLANDER A M，2018. Marine conservation in Oceania：past，present，and future

[J]. Marine Pollution Bulletin, 135: 139-149.

FRIEDRICH L A, GLEGG G, FLETCHER S, et al., 2020. Using ecosystem service assessments to support participatory marine spatial planning [J]. Ocean and Coastal Management, 188: 105121.

FUJIEDA S, 2019. Trial survey of road scattering litter causing marine litter [J]. Journal of Japan Driftological Society, 17: 5-10.

FURUKAWA K, ATSUMI M, OKADA T, 2019. Importance of citizen science application for integrated coastal management - Change of Gobies' survival strategies in Tokyo Bay, Japan [J]. Estuarine, Coastal and Shelf Science, 228: 106388.

GACUTAN J, GALPARSORO I, MURILLAS-MAZA A, 2019. Towards an understanding of the spatial relationships between natural capital and maritime activities: a Bayesian Belief Network approach [J]. Ecosystem Services, 40: 10-34.

GACUTAN J, GALPARSORO I, PINARBAş K, et al., 2022. Marine spatial planning and ocean accounting: synergistic tools enhancing integration in ocean governance [J]. Marine Policy, 136: 104936.

GACUTAN J, PINARBAş K, AGBAGLAH M, et al., 2022. The emerging intersection between marine spatial planning and ocean accounting: a global review and case studies [J]. Marine Policy, 140: 105055.

GARCIA P Q, SANABRIA J G, RUIZ J A C, 2019. The role of maritime spatial planning on the advance of blue energy in the European Union [J]. Environment and waste management, 99: 123-131.

GILLILAND P M, LAFFOLEY D, 2008. Key elements and steps in the process of developing ecosystem-based marine spatial planning [J]. Marine Policy, 32: 787-796.

GISSI E, FRASCHETTI S, MICHELI F, 2019. Incorporating change in marine spatial planning: a review [J]. Environmental Science and Policy, 92: 191-200.

HASSAN D, ALAM A, 2019. Marine spatial planing and the Great Barrier Reef Marine Park Act 1975: an T evaluation [J]. Ocean and Coastal Management, 167: 2-3.

JAY S, ALVES F L, O'MAHONY C, et al., 2016. Transboundary dimensions of marine spatial planning: fostering inter-jurisdictional relations and governance [J]. Marine Policy, 65: 85-96.

JIA K J, HE H F, ZHANG H, et al., 2020. Optimization of territorial space pattern based on resources and environment carrying capacity and land suitability assessment [J]. China Land Science, 34 (5): 43-51.

KIRKFELDT T S, VAN TATENHOVE J P M, CALADO H M G P, 2022. The way forward on ecosystem-based marine spatial planning in the EU [J]. Coastal Management, 50 (1): 29-44.

KIRKMAN S P, HOLNESS S, HARRIS L R, et al., 2019. Using systematic conservation planning to support marine spatial planning and achieve marine protection targets in the transboundary benguela ecosystem [J]. Ocean and Coastal Management, 168: 117-129.

KOSKI C, RNNEBERG M, KETTUNEN P, et al., 2021. User experiences of using a spatial analysis tool in collaborative GIS for maritime spatial planning [J]. Transactions in GIS, 25 (4): 1809-1824.

KUSTERS J E H, VAN KANN F M G, ZUIDEMA C, 2023. Exploring agenda-setting of offshore energy innovations: niche-regime interactions in Dutch marine spatial planning processes [J]. Environmental Innovation and Societal Transitions, 47: 100705.

LILY H, 2016. A regional deep-sea minerals treaty for the Pacific Islands? [J]. Marine Policy, 70: 220-226.

LOMBARD A T, BAN N C, SMITH J L, et al., 2019. Practical approaches and advances in spatial tools to achieve multi-objective marine spatial planning front [J]. Fronties In Marine Science (6): 166.

MA C, STELZENMUELLER V, REHREN J, et al., 2023. A risk-based approach to cumulative effects assessment for large marine ecosystems to support transboundary marine spatial planning: a case study of the yellow sea [J]. Journal of Environmental Management (15), 342: 118-165.

MALDONADO A D, GALPARSORO I, MANDIOLA G, et al., 2022. A Bayesian Network model to identify suitable areas for offshore wave energy farms, in the framework of ecosystem approach to marine spatial planning [J]. Science of the Total Environment, 838 (2): 15-37.

MANEA E, DI CARLO D, DEPELLEGRIN D, et al., 2019. Multidimensional assessment of supporting ecosystem services for marine spatial planning of the Adriatic Sea [J]. Ecological Indicators, 101: 821-837.

MATHIS J E, GILLET M C, DISSELKOEN H, et al., 2022. Reducing ocean plastic pollution: locally led initiatives catalyzing change in South and Southeast Asia [J]. Marine Policy, 143: 105127.

MAZOR T, RUNTING R K, SAUNDERS M I, et al., 2021. Future-proofing conservation priorities for sea level rise in coastal urban ecosystems [J]. Biological Conservation, 260: 109190.

MORF A, KULL M, PIWOWARCZYK J, et al., 2019. Towards a ladder of marine/maritime spatial planning participation [M]. //ZAUCHA J, GEE K. Maritime spatial planning: past, present, future. Gewerbestrasse: Palgrave Macmillan Cham.

MORF A, MOODIE J, GEE K, et al., 2019. Towards sustainability of marine governance: challenges and enablers for stakeholder integration in transboundary marine spatial planning in the Baltic Sea [J]. Ocean Coast Management, 177: 200 - 212.

NGHIEM L T P, ZHANG Y, et al., 2022. Equity in green and blue spaces availability in Singapore [J]. Landscape and Urban Planning, 210: 104083.

NORSTRÖ M A V, CVITANOVIC C, Lö F M F, et al., 2020. Principles for knowledge co - production in sustainability research [J]. Nature Sustainability, 3: 182 - 190.

OLSEN E, FLUHARTY D, HOEL A H, et al., 2014. Integration at the round table: marine spatial planning in multi - stakeholder settings [J]. Plos one, 9 (10): e109964.

PATAKI Z, KITSIOU D, 2022. Marine Spatial Planning: assessment of the intensity of conflicting activities in the marine environment of the Aegean Sea [J]. Ocean and Coastal Management, 220: 106079.

PEART R, 2019. Sea Change Tai Timu Tai Pari: addressing catchment and marine issues in an integrated marine spatial planning process [J]. Aquatic Conservation: Marine and Freshwater Ecosystems, 29: 2 - 4.

PINARBAşI K, GALPARSORO I, ÁNGEL B, 2019. End users' perspective on decision support tools in marine spatial planning [J]. Marine Policy, 108: 10 - 36.

PINKAU A, SCHIELE K S, 2021. Strategic environmental assessment in marine spatial planning of the North Sea and the Baltic Sea - an implementation tool for an ecosystem - based approach [J]. Marine Policy, 130: 104547.

RETZLAFF R, LEBLEU C, 2018. Marine spatial planning: exploring the role of planning practice and research [J] Journal of Planning Literature, 33 (4): 466 - 491.

ROSSA H, ADHURI D S, ABDURRAHIM A Y, et al., 2019. Opportunities in community - government cooperation to maintain marine ecosystem services in the Asia - Pacific and Oceania [J]. Ecosystem Services, 38: 4 - 6.

SANTOS C F, AGARDY T, ANDRADE F, et al., 2020. Integrating climate change in ocean planning [J]. Sustainability, 3 (7): 505 - 516.

SANÒ M, MEDINA R, 2012. A systems approach to identify sets of indicators: applications to coastal management [J]. Ecological Indicators, 23: 588 - 596.

SMITH G, JENTOFT S, 2017. Marine spatial planning in Scotland. Levelling the playing field? [J]. Marine Policy, 84: 33 - 41.

SMYTHE T C, 2017. Marine spatial planning as a tool for regional ocean governance: an analysis of the New England ocean planning network [J]. Ocean and Coastal Management, 135: 11 - 24.

SMYTHE T C, MCCANN J, 2018. Lessons learned in marine governance: case studies of marine spatial planning practice in the US [J]. Marine Policy, 94: 227 - 237.

SMYTHE T C, MCCANN J, 2019. Achieving integration in marine governance through marine spatial planning: findings from practice in the United States [J]. Ocean and Coastal Management, 167: 197-207.

TANG H H, LIN M Y, YU J, et al., 2022. New development of marine spatial planning in China: problems and policy suggestions on the implementation of national plan for main functional zones of oceans [J]. Marine Economics and Management, 5 (1): 34-44.

TSAMENYI M, 1999. The institutional framework for regional cooperation in ocean and coastal management in the South Pacific [J]. Ocean and Coastal Management, 42 (7): 465-481.

ULLAH Z, WU W, WANG X H, et al., 2021. Implementation of a marine spatial planning approach in Pakistan: an analysis of the benefits of an integrated approach to coastal and marine management [J]. Ocean and Coastal Management, 205: 105545.

VAITIS M, KOPSACHILIS V, TATARIS G, et al., 2022. The development of a spatial data infrastructure to support marine spatial planning in Greece [J]. Ocean and Coastal Management, 218: 106025.

VALENCIA M J, 2000. Regional maritime regime building: prospects in Northeast and Southeast Asia [J]. Ocean Development and International Law, 31 (3): 223-247.

VON THENEN M, ARMOŠKA ITE A, CORDERO-PENÍN VÍCTOR, et al., 2021. The Future of Marine Spatial Planning—Perspectives from Early Career Researchers [J]. Sustainability, 24: 6.

VON THENEN M, FREDERIKSEN P, HANSEN H S, et al., 2019. A structured indicator pool to operationalize expert-based ecosystem service assessments for marine spatial planning [J]. Ocean and Coastal Management, 187: 105071.

WABNITZ C C C, CISNEROS-MONTEMAYOR A M, HANICH Q, et al,, 2018. Climate change and reef fish consumption in Palau: benefits, trade-offs and adaptation strategies [J]. Marine Policy, 88: 6-9.

WHITE M P, ELLIOTT L R, GASCON M, et al., 2020. Blue space, health and well-being: a narrative overview and synthesis of potential benefits [J]. Environmental Research, 191: 110169.

WILLSTEED E A, JUDE S, GILL A B, et al., 2018. Obligations and aspirations: a critical evaluation of offshore wind farm cumulative impact assessments [J]. Renewable and Sustainable Energy Reviews, 82 (3): 2332-2345.

WINDER G M, LE HERON R, 2017. Assembling a blue economy moment? geographic engagement with globalizing biological-economic relations in multi-use marine environments [J]. Dialogues in Human Geography (1) 7: 3-26.

WU J H, LI B, 2022. Spatio-temporal evolutionary characteristics and type classification of marine economy resilience in China [J]. Ocean and Coastal Management, 217: 106016.

YANG S Z, FANG Q H, IKHUMHEN H O, et al., 2022. Marine spatial planning for transboundary issues in bays of Fujian, China: a hierarchical system [J]. Ecological Indicators, 136: 10-22.

YE G, FEI J, WANG Z, et al., 2021. A novel marine spatial management tool for multiple conflicts recognition and optimization of marine functional zoning in the East China Sea [J]. Environ Manage, 198: 11-35.

YUE W Z, HOU B, YE G Q, et al., 2023. China's land-sea coordination practice in territorial spatial planning [J]. Ocean and Coastal Management, 237: 10-65.

ZAUCHA J, JAY S, 2022. The extension of marine spatial planning to the management of the world ocean, especially areas beyond national jurisdiction [J]. Marine Policy, 144: 105218.

ZUERCHER R, BAN N C, FLANNERY W, et al., 2022. Enabling conditions for effective marine spatial planning [J]. Marine Policy, 143: 105-141.

ZUERCHER R, MOTZER N, BAN N C, et al., 2023. Exploring the potential of theory-based evaluation to strengthen marine spatial planning practice [J]. Ocean and Coastal Management, 239: 106594.

图书在版编目（CIP）数据

海洋区域规划概论 / 于明辰，陈修颖编著. -- 北京 ：中国农业出版社，2024. 10. -- ISBN 978-7-109-32628-6

Ⅰ. Q178.53

中国国家版本馆 CIP 数据核字第 2024EN6709 号

海洋区域规划概论

HAIYANG QUYU GUIHUA GAILUN

中国农业出版社出版

地址：北京市朝阳区麦子店街 18 号楼

邮编：100125

责任编辑：姚　佳　　文字编辑：李瑞婷

版式设计：王　晨　　责任校对：吴丽婷

印刷：北京中兴印刷有限公司

版次：2024 年 10 月第 1 版

印次：2024 年 10 月北京第 1 次印刷

发行：新华书店北京发行所

开本：700mm×1000mm　1/16

印张：11.5

字数：220 千字

定价：78.00 元
